中等职业学校新课标公共课配套辅导

互联网＋教育改革新理念教材

哲学与人生
学习辅导与训练

主编　李小玲　尤明秋　乔　苇

教·学
资　源

新华出版社

图书在版编目（CIP）数据

哲学与人生学习辅导与训练 / 李小玲，尤明秋，乔苇主编. -- 北京 : 新华出版社，2023.5
ISBN 978-7-5166-6851-1

Ⅰ. ①哲… Ⅱ. ①李… ②尤… ③乔… Ⅲ. ①人生哲学－中等专业学校－教学参考资料 Ⅳ. ①B821

中国国家版本馆CIP数据核字(2023)第104702号

哲学与人生学习辅导与训练

主　　编：李小玲　尤明秋　乔　苇

责任编辑：林郁郁　李　珊　　封面设计：北京金企鹅

出版发行：新华出版社
地　　址：北京石景山区京原路8号　　邮　　编：100040
网　　址：http://www.xinhuapub.com
经　　销：新华书店、新华出版社天猫旗舰店、京东旗舰店及各大网店
购书热线：010-62111051　　中国新闻书店购书热线：010-63072012

照　　排：北京金企鹅
印　　刷：北京京华铭诚工贸有限公司

成品尺寸：210mm × 285mm
印　　张：8.5　　字　　数：212千字
版　　次：2023年5月第一版　　印　　次：2023年5月第一次印刷

书　　号：ISBN 978-7-5166-6851-1
定　　价：35.00元

前言

PREFACE

为了帮助学生更好地学习“哲学与人生”这门课程，使其学会运用哲学的观点解读社会现象，正确处理个人成长中遇到的问题，弘扬和践行社会主义核心价值观，编者根据教育部颁布的《中等职业学校思想政治课程标准（2020 年版）》的要求和教材内容，组织编写了本书。

本书紧扣教材内容，为每个单元各小节设置了“识图知要点”“巧练打基础”“深思明哲理”“鉴读促发展”四大模块。

◈ **“识图知要点”模块：** 以思维导图的形式简明扼要地展现了各节的重要知识点，旨在帮助学生在宏观上构建完整的知识体系，方便学生回顾各节的核心内容。

◈ **“巧练打基础”模块：** 紧扣教材知识点，设有单项选择题、多项选择题、判断题、简答题、材料分析题五种题型，题量和习题的难易程度适中，旨在检测学生的学习成果。通过自主检测，学生可以找到自身的薄弱之处，查漏补缺，巩固所学知识。

◈ **“深思明哲理”模块：** 设有生活中的常见事例、自然现象、寓言故事等，学生通过分析其中蕴含的哲学原理，可以更好地将理论与实际联系起来，达到学用结合的效果。

◈ **“鉴读促发展”模块：** 设有涵盖对应小节知识点的真实案例，通过讲解我国在农业、工业等产业领域取得的成就和个人所取得的成绩，展现哲学的科学性、真理性和实践性，促使学生更好地将哲学原理与个人成长结合起来，树立正确的世界观、人生观和价值观，在奉献社会中实现人生价值。

为学习贯彻党的二十大精神，达到课程铸魂育人效果，本书专门在扉页“教 · 学资源”二维码中设计了相应栏目，以引导学生践行社会主义核心价值观，涵养学生的奋斗精神、敬业精神、奉献精神、创新精神、工匠精神、法制精神、绿色环保意识等。

此外，本书提供了在线题库，支持“教学作业，一键发布”，教师只需通过微信或“文旌课堂”App 扫描扉页中的二维码，即可迅速选题、一键发布、智能批改，并查看学生的作业分析报告，提高教学效率、提升教学体验。学生可在线完成作业，巩固所学知识，提高学习效率。

本书由李小玲、尤明秋、乔苇担任主编，李淑姣担任副主编，吴金鑫参与编写了部分内容。在编写过程中，编者参阅了大量文献资料和网络资料，在此向这些资料的作者表示诚挚的谢意。

由于编者水平有限，书中可能存在疏漏与不妥之处，诚请广大读者批评指正。

目录

CONTENTS

第一单元

立足客观实际，树立人生理想

第一节　追求智慧学问，汲取时代精神精华

识图知要点

- 01 哲学的起源
  - 哲学起源于人们在生活实践中对宇宙、人生的追问和思考
- 02 哲学是什么
  - 哲学是关于世界观的理论体系
  - 哲学是系统化的方法论
  - 哲学是世界观和方法论的统一
  - 哲学是对自然、社会和思维知识的概括和总结
- 03 马克思主义哲学的使命
  - 哲学起源于人们在生活实践中对宇宙、人生的追问和思考
- 04 马克思主义哲学的特征
  - 科学性
  - 人民性
  - 实践性
  - 与时俱进
- 05 学好马克思主义哲学的方法
  - 勤学善思，明辨笃行（真学）
  - 学深悟透，触类旁通（真懂）
  - 树立理想，坚定信念（真信）
  - 联系实际，知行合一（真用）

巧练打基础

一、单项选择题

1. “人生处处有哲学。”这句话表明（　　）。

A．自古就有哲学　　　　B．人人都懂哲学

C．生活就是哲学　　　　D．哲学与我们的生活密切相关

2.“我是谁？”“世界从何而来？”“世界是否因为我而存在？”“人生的意义和价值是什么？”这些思考表明（　　）。

A. 人们创造哲学是为了满足自己的好奇心

B. 哲学的智慧产生于人们的主观情绪

C. 哲学起源于人们对各种根本问题的追问和思考

D. 哲学就是人们自发形成的世界观

3. 哲学的智慧是在人类的（　　）中形成的。

A. 实践活动　　　　B. 主观认识

C. 深度思考　　　　D. 日常情绪

4. 关于哲学与世界观，下列说法正确的是（　　）。

A. 哲学是以世界观为研究对象的学说

B. 哲学是人们对整个世界和人与世界关系的观点和看法

C. 哲学是系统化、理论化的世界观

D. 哲学是关于世界观的科学理论，是具体科学知识的概括和总结

5. 关于世界观与方法论，下列说法错误的是（　　）。

A. 世界观决定方法论

B. 方法论决定世界观

C. 世界观和方法论是统一的、相互联系的

D. 有什么样的世界观就有什么样的方法论

6. 有的人热爱自然，热爱社会，热爱生活，具有崇高的理想和远大的志向，积极进取，乐于奉献；有的人自以为看破红尘，完全以自我为中心，对社会对他人冷漠无情，毫无爱心，无所作为。这种现象表明（　　）。

A. 世界观人人都有，但方法论只有哲学家才有

B. 有什么样的世界观，就会有什么样的方法论

C. 世界观是用于认识世界的，方法论是用于改造世界的

D. 世界观是零散的、不自觉的，方法论是系统的、自觉的

7. 关于哲学与具体科学，下列说法正确的是（　　）。

A. 哲学为具体科学提供世界观和方法论的指导

B. 具体科学为哲学提供世界观和方法论的指导

C. 具体科学以哲学为根底

D. 具体科学与哲学各有侧重、互不相干

8. 哲学与具体科学的区别表现在（　　）。

A. 哲学是世界观，具体科学是方法论

B. 哲学是绝对的，具体科学是相对的

C. 哲学揭示的是最普遍的规律，具体科学揭示的是某一具体领域的规律

D. 哲学以具体科学为基础

9. 哲学所研究的一般规律适用于（　　）。

A. 社会的政治领域　　B. 社会的经济和政治领域

C. 社会的经济领域　　D. 客观物质世界的所有领域

10. “哲学很重要，很多学问做深了，都会碰到哲学问题。数学是这样，物理、化学、生物、计算机，都是这样。所以科学家一定要研究一点哲学，要懂哲学。”这说明（　　）。

A. 哲学比科学还重要

B. 哲学能为实践提供积极、有益的指导

C. 科学家一定要深入钻研哲学

D. 不懂哲学的科学家将无法推进自己的研究

11. 马克思主义哲学的直接理论来源是（　　）。

A. 古希腊哲学　　B. 中世纪经院哲学

C. 19 世纪德国古典哲学　　D. 17—18 世纪资产阶级哲学

12. 马克思主义哲学是无产阶级反对资产阶级、争取自由解放斗争的必然产物，是人类认识发展结出的丰美硕果。马克思主义哲学的历史使命是（　　）。

A. 实现无产阶级和全人类的解放

B. 用哲学思想开创人类文明新时代

C. 促进社会科学的发展

D. 建立一个没有压迫、没有剥削、人人平等、人人自由的理想社会

13. 马克思主义哲学正确地反映了世界的本质和规律，它的全部理论都来自实践，又经过实践反复检验。这说明马克思主义哲学具有（　　）。

A. 阶级性　　B. 革命性

C. 人民性　　D. 科学性

14. 马克思主义哲学不是远离社会生活和脱离社会实践的书斋理论，而是深深植根于实践、服务于实践又在实践中不断发展的理论。这反映了马克思主义哲学的（　　）特征。

① 实践性　　② 实事求是

③ 与时俱进　　④ 人民性

A. ①②　　B. ②④

C. ①③　　D. ③④

15．学习马克思主义哲学必须坚持理论联系实际的方针，因此应该做到（　　）。

A．带着问题在书中寻找答案

B．用什么就学什么，学什么就用什么

C．在学习中遵从教条主义和实用主义

D．运用马克思主义的立场、观点、方法分析和解决实际问题

二、多项选择题

1．哲学是（　　）。

A．关于世界观的理论体系

B．对自然、社会、思维知识的概括和总结

C．世界观与方法论的统一

D．辩证唯物主义与历史唯物主义的统一

2．“任何真正的哲学都是自己时代的精神上的精华”。这句话表明（　　）。

A．真正的哲学是唯物主义哲学

B．哲学要随时代的发展而不断变化

C．任何哲学都是社会变革的先导

D．真正的哲学能够反映时代的特征和要求

3．马克思主义哲学是（　　）。

A．科学的世界观和方法论

B．无产阶级的世界观和方法论

C．特定时代的产物，揭示了人类社会的发展规律

D．无产阶级和劳动人民认识世界、改造世界的思想武器

4．关于马克思主义哲学，下列说法正确的是（　　）。

A．马克思主义哲学完整地继承了人类哲学史上的积极成果

B．马克思主义哲学是时代的产物

C．马克思主义哲学从实践出发理解人与自然的关系

D．马克思主义哲学是一个逻辑严密的有机整体

5．学好马克思主义哲学的方法有（　　）。

A．认真、系统地学习马克思主义哲学著作

B．坚定马克思主义哲学的科学性

C．坚持理论联系实际

D．深入理解马克思主义哲学的相关理论

三、判断题

1. “人们远在知道什么是辩证法以前，就已经辩证地思考了”。这句话表明生活处处有哲学。（ ）

2. 哲学都能给人智慧，使人聪明。（ ）

3. 哲学是对具体科学知识的概括和总结，是科学之科学。（ ）

4. 世界观是人们对整个世界（包括自然和社会）的总的看法和基本观点。（ ）

5. 世界观人人都有，但每个人的世界观都不同。（ ）

6. 马克思主义哲学是人类哲学思想发展的顶峰。（ ）

7. 马克思主义哲学是不断发展的哲学。（ ）

四、简答题

1. 简述哲学与世界观的关系。

2. 简述学习马克思主义哲学的意义。

五、材料分析题

1．阅读下列材料，按照要求作答。

如果把哲学看作一门学科，它显然是与经济学、史学、伦理学、文艺学、法学、政治学、语言学等人文科学有区别的，与自然科学的区别则更为显著。当然，哲学与上述人文科学及自然科学之间又有着密切联系。

“博士学位”的英文为 doctor of philosophy，翻译过来就是“哲学博士”。也就是说，在英文体系下，所有学科的博士其实都可以认为是“哲学博士”。这表示，在一定程度上，任何一门专业的学科学到最后，抵达的境界都是哲学。

中国著名遗传学家、小麦育种学家、国家最高科技奖获得者李振声曾说：“几十年的经验使我深刻体会到，学点哲学的确可以使人做事情少犯错误，做研究少走弯路。”

运用所学知识，阐述哲学与具体科学之间的联系。

答：＿＿＿＿＿＿＿＿＿＿＿＿＿＿＿＿＿＿＿＿＿＿＿＿＿＿＿＿＿＿＿＿＿＿

2．阅读下列材料，按照要求作答。

党的二十大报告中指出：“马克思主义是我们立党立国、兴党兴国的根本指导思想。实践告诉我们，中国共产党为什么能，中国特色社会主义为什么好，归根到底是马克思主义行，是中国化时代化的马克思主义行。”在任何历史时期，无论时代条件如何变化，无论遇到何种艰难险阻，中国共产党都毫不含糊地坚持马克思主义的指导地位不动摇。

结合马克思主义哲学的特征，阐述你对上述材料中“归根到底是马克思主义行，是中国化时代化的马克思主义行”这句话的理解。

答：＿＿＿＿＿＿＿＿＿＿＿＿＿＿＿＿＿＿＿＿＿＿＿＿＿＿＿＿＿＿＿＿＿＿

深思明哲理

以哲学思维引导中国科技开拓创新

中国科学院正式成立哲学研究所这则新闻发布后，引发了科技界包括哲学社会科学界的广泛关注。成立哲学研究所既展现了中国科学界创新开拓的时代姿态，也折射出当代中国对追求更加自主、牢固地掌握自身科技命脉和发展命运的深度思考。

早在140多年前，恩格斯就深刻指出："一个民族想要站上科学的各个高峰，就一刻也不能没有理论思维。"这句话告诉我们，哲学思维特别是高水平的哲学智慧作为"时代精神的精华"和"文明的活的灵魂"，不仅在认识上决定着我们把握科学技术之本质规定的反思能力，而且在实践中决定着我们引导和推动国家科技创新方略的水平，在价值追求上决定着21世纪科技发展的深度。

就此来看，把哲学思维与科技发展、科技创新自觉而系统地关联起来，坚持以哲学思维引导中国科学的开拓创新，既是当代中国科学发展需要高度关注的战略焦点，也是中国崛起必须要坚持的重大问题意识。

请你结合学习哲学的意义，阐述自己阅读上述案例后的心得体会。

心得体会：

鉴读促发展

百年奋斗彰显马克思主义的强大生命力

坚持理论创新是中国共产党百年奋斗的重要历史经验。在新的征程上，我们要坚持把马克思主义基本原理同中国具体实际相结合、同中华优秀传统文化相结合，用马克思主义的立场、观点、方法观察时代、把握时代、引领时代，用马克思主义真理光芒照耀前行之路。

把坚持马克思主义与发展马克思主义统一起来

中国共产党的百年奋斗彰显马克思主义的强大生命力，马克思主义的科学性和真理性在中国得到充分检验，马克思主义的人民性和实践性在中国得到充分贯彻，马克思主义的开放性和时代性在中国得到充分体现。中国共产党人一旦选择了马克思主义，就一以贯之、坚定不移地坚持它、发展它、维护它，从来没有动摇过、改变过、放弃过。

马克思主义深刻揭示了自然界、人类社会、人类思维发展的普遍规律，为人类社会发展进步指明了方向，极大推进了人类文明进程。马克思主义不仅是“对”的理论、“好”的理论，而且是“行”的理论、“活”的理论，始终占据着真理和道义的制高点。

中国共产党人是马克思主义的忠诚信奉者、坚定实践者，在坚持马克思主义这个根本问题上，不断推进实践基础上的理论创新，不断开辟马克思主义中国化新境界。恩格斯指出：“马克思的整个世界观不是教义，而是方法。它提供的不是现成的教条，而是进一步研究的出发点和供这种研究使用的方法。”把马克思主义基本原理同中国具体实际相结合、同中华优秀传统文化相结合，是中国共产党运用马克思主义解决中国问题的理论优势。

不断提高运用马克思主义分析和解决实际问题的能力

中国共产党的历史，是一部推进马克思主义中国化、不断丰富和发展马克思主义的历史，也是一部运用马克思主义理论认识和改造中国、引领中华民族实现伟大复兴的历史。历史告诉我们，一个始终走在时代前列的马克思主义执政党，必定是一个在思想理论上不断创新创造的党，必定是一个坚持以理论创新引领实践创新的党。中国共产党只有始终坚持理论指导和实践探索相统一，善于用马克思主义的立场、观点、方法分析和解决实际问题，才能永远立于不败之地。

一百多年来，中国共产党运用马克思主义的立场、观点、方法科学地分析面临的形势，在此基础上制定路线方针政策，不断提高运用马克思主义分析和解决实际问题的能力。新民主主义革命时期，中国共产党领导中国人民浴血奋战、百折不挠，创造了新民主主义革命的伟大成就，实现了中国从几千年封建专制政治向人民民主的伟大飞跃。社会主义革命和建设时期，中国共产党领导中国人民自力更生、发愤图强，创造了社会主义革命和建设的伟大成就，实现了中华民族有史以来最为广泛而深刻的社会变革，实现了一穷二白、人口众多的东方大国大步迈进社会主义社会的伟大飞跃。改革开放和社会主义现代化建设新时期，中国共产党领导中国人民解放思想、锐意进取，创造了改革开放和社会主义现代化建设的伟大成就，实现了人民生活从温饱不足到全面实现小康的历史性跨越，推进了中华民族从站起来到富起来的伟大飞跃。

党的十八大以来，中国特色社会主义进入新时代。中国共产党人坚持把马克思主义基本原理同中国具体实际相结合、同中华优秀传统文化相结合，出台一系列重大方针政策，推出一系列重大举措和重大工作，战胜一系列重大风险挑战，解决了许多长期想解决而没有解决的难题，办成了许多过去想办而没有办成的大事，推动党和国家事业取得历史性成就、发生历史性变革，中华民族迎来了从站起来、富起来到强起来的伟大飞跃。

实践发展永无止境，认识真理永无止境，理论创新永无止境。中国共产党和中国人民的实践是不断前进的，指导这种实践的理论也要不断创新。

第二节　探求世界本质，树立科学的世界观

识图知要点

- 01 自然界的物质性
  - 整个自然界都是物质的
  - 自然界的事物都是物质世界的组成部分
- 02 人类社会的物质性
  - 人类社会是物质世界长期发展的产物
  - 人类社会在本质上是物质的
- 03 意识的形成及其本质
  - 意识是自然界和社会历史发展的产物
  - 人脑是意识活动的物质器官
  - 意识是客观世界在人脑中的主观映象
  - 意识是物质的产物而非意识本身
- 04 唯物主义与唯心主义
  - 唯物主义认为先有物质后有意识，物质决定意识
  - 唯心主义认为物质依赖于意识，意识决定物质
  - 坚持唯物主义，反对唯心主义
- 05 无神论与封建迷信
  - 无神论认为世界的本质是物质的，世界的本质是唯物主义的
  - 学习科学文化知识，提高识别唯心主义思想的能力

巧练打基础

一、单项选择题

1．物质的唯一特性是（　　）。

A．客观实在性　　B．可知性

C．可变性　　D．广延性

2．研究显示，一个物种的消失，一般可影响5～20个物种的功能与生存；每一种鸟类的消失，都将有大约90种昆虫、35种植物、2～3种鱼类随之灭绝。每两种鸟类消失，必然会有一种哺乳动物随之灭绝。这说明（　　）。

A．自然界的事物是按照自身所固有的规律形成和发展的

B．自然界的事物是客观存在的，与人类的活动无关

C．物质是不依赖于人的意识并能为人的意识所反映的客观存在

D．自然界的事物变化万千，人类不可捉摸

3．人类起源于动物界，人类的进化演变过程是从古猿、直立人、智人到现代人。这说明（　　）。

A．自然界和人类社会相互依存

B．人类产生前的自然界才具有客观性

C．自然界和人类社会是有区别的

D．人类社会是物质世界长期发展的产物

4．人类社会在本质上是一个客观的物质体系。下列选项能证明人类社会的物质性的是（　　）。

① 人类的欲望是社会进步的原动力

② 历史者英雄之舞台也，舍英雄几无历史

③ 人类社会是物质世界长期发展的产物

④ 构成人类社会物质生活条件的基本要素是客观的、物质的要素

A．①②　　　　B．①③

C．②④　　　　D．③④

5．人由古猿进化而来。在这一进化过程中，起着决定性作用的是（　　）。

A．劳动　　　　B．语言的产生

C．手脚分工　　　　D．社会关系

6．老年痴呆是一种以认知功能缺损为核心症状的获得性智能损害综合征，会损害记忆、注意、行为、人格、判断、语言、逻辑推理等多种人脑的高级神经功能，已成为威胁老年人健康的杀手之一。老年痴呆反映了（　　）。

A．生命在于运动

B．意识是人脑的机能

C．运动是静止的特殊状态

D．意识决定物质

7．“狼孩”没有意识，这一事实说明（　　）。

A．意识是自然界长期发展的产物

B．意识是社会历史发展的产物，不是自然界长期发展的产物

C．意识的产生不仅是物质现象，还是社会现象

D．意识的产生不仅反映自然界，还反映社会

8．人们常用“万物复苏”来描绘万物生长的春季，与之类似的词还有“春暖花开”“春意盎然”等。这体现了（　　）。

A．意识是沟通主观世界和客观世界的桥梁

B．意识能够能动地改造世界

C．意识是对物质世界的复制

D．意识是客观世界在人脑中的主观映象

9．物质与意识的区别在于（　　）。

A．物质是运动的，意识是静止的

B．物质是有形的，意识是无形的

C．物质是抽象事物，意识是具体事物

D．意识是物质的产物，但不是物质本身

10．中国古代哲学家主要探讨天与人、形与神、知与行、理与气等的关系，他们探讨的问题集中体现了（　　）的关系。

A．个人与社会　　B．自然与社会

C．意识和物质　　D．个人与自然

11．列宁说：“透过许多新奇的诡辩言词和学究气十足的烦琐语句，我们总是毫无例外地看到，在解决哲学问题上有两条基本路线、两个基本派别。”这里的两个基本派别就是（　　）。

A．辩证法和形而上学　　B．宿命论和唯意志论

C．唯物主义和唯心主义　　D．宗教神学与经验主义

12．（　　）把世界的本原归结为某一种或几种具体的物质形态。

A．辩证唯物主义　　B．历史唯物主义

C．古代朴素唯物主义　　D．主观唯心主义

13．《圣经》中记载，上帝用尘土（指大地上的泥土）造人，将生气（指灵魂）吹进人的鼻孔，人就成了有灵的活人。该观点（　　）。

A．准确地说明了世界的本原

B．把上帝当成了绝对的不依赖于人的存在而存在的精神实体

C．是主观唯心主义的观点

D．是宗教的、科学的观点

14. 古代中国人认为天地合而万物生焉，四时行焉，没有天地便没有一切；天地就是宇宙，宇宙就是天地。该观点（　　）。

① 否认了世界是神创造的，认为世界是物质的

② 坚持了唯物主义的根本方向，本质上是正确的

③ 只是一种可贵的猜测，没有科学依据

④ 把物质归结为物质的具体形态，把复杂的问题简单化

A. ①　　B. ①③

C. ②④　　D. ①②③④

15. 临近考试，为祈祷自己能考出好成绩，有的学生拜天、拜地、拜杨过，有的学生甚至拜孙悟空。这一现象告诉我们（　　）。

① 封建迷信是有科学道理的，考试前祈祷非常有必要

② 要弘扬科学精神，反对封建迷信

③ 持之以恒地进行科学世界观和无神论的宣传教育是非常有必要的

④ 世界上存在神、鬼、天堂、地狱等超自然的力量

A. ①④　　B. ①③

C. ②③　　D. ②④

二、多项选择题

1. 下列说法正确的有（　　）。

A. 自然界的存在和发展具有物质性

B. 人类社会的产生、存在、发展及其构成要素具有物质性

C. 世界的真正统一性就在于它的物质性

D. 物质是不依赖于人的意识的客观实在，不能被人所感觉、认识、反映

2. 意识对物质的依赖性表现在（　　）。

A. 意识是自然界长期发展的产物

B. 意识是社会历史发展的产物

C. 意识是人脑的机能

D. 意识是客观世界在人脑中的主观映象

3. “观念的东西不外是移入人的头脑并在人的头脑中改造过的物质的东西而已。”对这句话的理解正确的有（　　）。

A. 意识所反映的内容来自外部世界客观存在的事物

B. 人的头脑都能产生意识

C. 人脑是意识的源泉

D．离开社会实践，人脑就不会产生意识

4．列宁把唯心主义哲学称为“一朵无实花”的主要原因是（　　）。

A．唯心主义的所有思想都是不合理的

B．唯物主义和唯心主义是相互对立的

C．唯心主义认为意识、精神可以离开自然和社会而独立存在

D．唯心主义认为意识、精神是创造自然和社会的力量

5．“正是有了我和我的意识，才有了地球”“没有地球哪有我们的意识呢？”关于这两种观点，下列说法正确的有（　　）。

A．第一种观点属于客观唯心主义思想

B．两种观点是对哲学基本问题的讨论

C．第二种观点属于主观唯物主义思想

D．两种观点体现了唯心主义与唯物主义的对立

三、判断题

1．物质是看得见、摸得着、实实在在的东西。（　　）

2．在意识的产生和发展过程中，人脑起着决定性的作用。（　　）

3．物质是不依赖于人的意识并能为人的意识所反映的客观实在。（　　）

4．唯物主义都是正确的，唯心主义都是错误的。（　　）

5．近代机械唯物主义认为世界是由自然科学中不可再分的、最小的物质结构构成的。（　　）

6．生产劳动是一种物质性活动，是人与自然之间的物质变换过程。（　　）

7．可以在学校宣传宗教。（　　）

8．尊重宗教信仰自由与宣传无神论并不矛盾，二者都是中国共产党处理宗教问题的方针政策。（　　）

四、简答题

1．世界的物质性主要体现在哪两个方面？

2. 为什么说“意识在内容上是客观的，在形式上是主观的”？

3. 简述唯物主义和唯心主义的基本观点及其基本形态。

五、材料分析题

1. 阅读下列材料，按照要求作答。

M 市是一个农业大市，林果业是其支柱产业之一。M 市的土壤和气候条件特别适合果树生长，当地农民种植果树的经验比较丰富。随着社会的发展，市场上新品种优质水果日益增多，但是 M 市果农栽种的果树多为传统品种，产量低且销售困难。面对这种情况，M 市政府及时引导果农更新观念，树立市场意识，动员果农栽种新型果树。这些新型果树最终为果农带来了可观的经济收益。

运用有关意识的哲学知识，对上述材料进行分析。

答：____

2．阅读下列材料，按照要求作答。

材料一：贝克莱认为物质是一个虚构的词，提出“物是观念的集合”“存在就是被感知”“对象与感觉原是一种东西”等命题，宣称人们的认识对象是自己的观点和“感觉的组合”。黑格尔认为整个世界是“绝对精神”的外化和产物。

材料二：中国北宋理学家张载提出了以“气”为核心的宇宙结构说。他认为世界是由两部分构成的，一部分是看得见的万物，一部分是看不见的，这两部分都由“气”组成。

（1）材料一中，贝克莱和黑格尔的说法分别代表什么观点？二者有哪些共同点？

（2）材料二集中体现了什么观点？该观点有什么特点？

答：____

____

____

____

____

____

____

____

深思明哲理

很多人“谈辐色变”，它真的这么可怕吗

自然界中既有姿态万千的山川湖海，也有许多看不见、摸不着却又真实存在着的事物和现象，如磁场、超声波、α 射线、电磁辐射等。在我们所生活的世界里，辐射无处不在。自然界中的太阳光、闪电、宇宙射线等都是天然存在的辐射源，人类在一定程度上已经适应了它们所产生的辐射。人类的许多创造发明如手机和手机基站、微波炉、电脑、电视机等，也会产生辐射。

辐射对人体有害，加之辐射看不见也摸不着，所以部分人“闻辐射而色变”。辐射虽然无处不在，但是大部分是低能量的非电离辐射。手机辐射、红外线、微波炉发出的微波和收音机发出的电磁波都属于非电离辐射。非电离辐射对人体的影响微乎其微。

对人体危害较大的高能量辐射叫作电离辐射。医疗仪器发出的辐射多数是电离辐射，但是它的危害建立在一定剂量的基础上，并且这种大剂量的照射其实极少发生。国家对医疗仪器的风险系数都有严格的规定，它们发出的辐射在人体安全范围内。在

医院进行检查时，技师会在满足医疗检查需求的前提下，采取有效防护措施，最大程度减少患者受到的辐射剂量。例如，一次 CT 检查给患者带来的受照剂量通常只有几个毫希沃特（辐射剂量当量单位），与每个人每年接收的天然存在的放射性辐射量相当。由此可见，患者即使多做了几次 CT 检查，也没有必要担心过量辐射问题。

比辐射更危险的，是对辐射的无知和误解。大家应多了解一些关于辐射的科普知识，切忌听信谣言，更不必过度防护、谈辐色变。

请你结合如何树立科学的世界观的相关知识，阐述自己在学习上述案例后的心得体会。

心得体会：

走进神秘的山洞，探寻自然的奇妙

很久很久以前，一位牧羊人发现了一个山洞，于是就带着猎狗走了进去。进去后没走多远，猎狗就瘫痪在地，四肢抽搐，挣扎了几下后就死掉了，牧羊人自己却安然无恙。消息传出后，人们相继来到这里，经过多次试验，发现结果都相同。人们对该现象无法解释，于是就怀疑这个山洞里有“鬼”，并且把这个山洞称为“鬼洞”。

不久后，草原上来了一位学者，他来到这个山洞，用各种动物做实验，发现狗、猫、老鼠等头部距离地面比较近的小动物在山洞里都会死亡，人从山洞里走过不会死亡，马、牛等头部距离地面比较远的、体型比较大的牲畜在山洞里不会死亡，狗、猫、老鼠等小动物如果被人抱着带进山洞也不会死亡。

经过试验，这位学者得出这样一个结论：凡是走进山洞后很快就死亡的都是头部距离地面很近的小动物，凡是能平安走出山洞的都是头部距离地面比较远的体型比较大的动物。

后来，草原上来了一位地质学家。他经过实地考察，“鬼洞”之谜才被揭开。原来，这个山洞里有大量二氧化碳气体，由于二氧化碳气体比空气的密度大，山洞内又不通风，因此二氧化碳气体都沉降在地面附近，导致靠近地面的有些地方没有氧气。狗、猫、老鼠等小动物走进山洞后，会因缺乏氧气而死亡；人、牛、马等体型比较大的动物能安然无恙地走出山洞，是因为它们的头部距离地面较远，有足够的氧气供其呼吸。

请你从无神论的观点出发，阐述自己在学习该案例后的心得体会。

心得体会：

鉴读促发展

AI是人类的工具还是主宰？

AI是人工智能artificial intelligence的英文缩写。多年前，围棋人工智能阿尔法狗以3∶0完胜当时世界围棋第一人柯洁，使得人们直呼“狼来了”。多年后，ChatGPT横空出世，更多的人再次陷入对AI的兴奋和深思中。

AI最惊人的能力在于它强大的学习能力。现在的人工智能只需要半年甚至几个月的时间，就能迅速完成迭代升级。阿尔法狗在与李世石下棋的时候，优势还不是很大，然而一年后，它已经可以碾压人类所有棋手。

围棋人工智能崛起后，棋手间棋艺的差距明显缩小了。围棋人工智能对围棋产业最大的冲击不仅体现在棋术上，它还从底层重构了围棋产业生态链。例如，围棋人工智能出现后，围棋职业选手的训练模式完全被颠覆，除了实战之外，围棋职业选手与围棋人工智能训练的效率远远高于与其他棋手训练的效率。

围棋产业的重构也许是很多行业将要面对或经历的。面对AI，乐观派认为它会取代目前很多岗位，但会给人类创造更多新的机会；悲观派认为人类会被AI完全替代，从而产生越来越多的“无用之人”。那么，AI能否完全取代人类呢？

一百多年以前，许多人嘲讽火车的速度比不过马车，然而后来的事实证明，前者才是主流的交通工具之一。四十多年前，有些反对改革开放的人认为，自动化机械设备将会抢走工人的饭碗，然而事实证明，人们和自动化机械设备能够和谐共存。无论是马车、火车、机械设备还是AI，本质上都是一种工具，都是为了让人们以更短的时间、更高的效率完成某些事情而出现的发明创造。在“中国制造2025”发展战略、“工业4.0”大背景之下，智能智造、万物互联互通有利于推动产业研发、生产、运营、营销和管理，在军事、基建、交通、医疗、教学等方面发挥越来越重要的作用。

未来，人类的很多工作岗位会被AI取代，但人类本身绝不会被AI替代。AI是人类创造的一种工具，再强大也只能在人类为它设定的轨道上奔跑。AI没有独立自主的意识，它的所有思想都是人类通过信息技术将自己的意识导入到电子化载体之后的产物。

第三节　掌握客观规律，追求人生理想

识图知要点

01 规律是客观的

- 物质是运动的
- 物质运动具有客观规律性
- 人的存在与发展具有客观规律性

02 人的主观能动性

- 人能够自觉地、有目的地、有计划地作用于客观世界
- 人可以能动地认识世界和改造世界
- 个人的成长与发展需要不断发挥主观能动性

03 从实际出发，实事求是

- 抛弃主观臆想，尊重客观规律
- 不断解放思想，正确发挥主观能动性
- 尊重客观规律与正确发挥主观能动性相统一

04 理想与现实的辩证关系

- 理想是在社会实践活动的基础上产生的，不可能脱离客观条件
- 理想不等于现实，但可以超越现实

05 个人理想与社会理想的关系

- 社会理想指引着个人理想
- 社会理想是个人理想的凝练和升华
- 个人理想应融入社会理想中

巧练打基础

一、单项选择题

1．物质的根本属性和存在方式是（　　）。

A．客观实在性　　B．相对性

C．运动　　D．可知性

2．运动是（　　），静止是（　　）。

A．绝对的　相对的　　B．绝对的　绝对的

C．相对的　相对的　　D．相对的　绝对的

3．规律是（　　），不以人的意志为转移，既不能被创造，也不能被消灭。

A．普遍的　　B．客观的

C．固有的　　D．人为的

4．下列选项中，属于规律的是（　　）。

A．红灯停，绿灯行　　B．价格时涨时跌

C．万有引力　　D．中职生守则

5．人区别于动物的根本特点是（　　）。

A．人能够改变环境　　B．人有心理活动

C．人具有主观能动性　　D．人能反映外部事物

6．以下选项中，不属于主观能动性的是（　　）。

A．透过现象认识事物的本质和规律

B．以创造性的活动改造世界

C．百折不挠的坚强意志

D．蜜蜂建造的蜂巢巧夺天工

7．科学家和工程师们克服小空间、高水汽、现场环境恶劣等不利因素，成功解决了在港珠澳大桥建设过程中遇到的种种世界难题。这些难题的解决表明（　　）。

A．规律是客观的，人在规律面前是无能为力的

B．人们要认识、利用规律，就必须开展科学实验活动

C．充分发挥人的主观能动性就能突破规律的制约

D．人们发挥主观能动性可以认识和利用规律，造福人类

8．一位小提琴家在音乐会上演奏时，G 弦突然断了，但是他并没有因此停下来，而是即兴创作了一首从头到尾可以不用 G 弦的曲子，演奏非常成功，听众称赞不已。该事例启示我们（　　）。

A．成功总是以挫折和困难为基础

B．遇到困难要勇于面对，发挥主观能动性

C．客观条件无法影响人的成功

D．客观条件制约着人的主观能动性

9．“入山问樵，入水问渔”蕴含的哲学道理是（　　）。

A．想问题、办事情要充分发挥主观能动性

B．想问题、办事情要从实际出发

C．想问题、办事情要充分借助外界条件

D．想问题、办事情首先要分析规律

10．《孙子兵法·虚实篇》曰：“水因地而制流，兵因敌而制胜。故兵无常势，水无常形；能因敌变化而取胜者，谓之神。”从哲学角度看，这段话表明（　　）。

A．事物变化无常，没有规律可循

B．自然规律和社会规律都不以人的意志为转移

C．尊重客观规律与正确发挥主观能动性相统一

D．不同事物的矛盾有所不同

11．关于理想，下列说法错误的是（　　）。

A．理想提供前进动力

B．理想对人的行动产生巨大影响

C．理想指引人生方向

D．理想决定收入的高低

12．有人说：“人生只有‘三天’，今天、昨天、明天。只爱今天，它不属于未来；只爱明天，它永远悬在空中；只爱昨天，无异于生命停滞不前。”这段话表明（　　）。

A．理想与现实的辩证关系

B．个人理想与社会理想的辩证关系

C．理想与奋斗的辩证关系

D．最高理想与共同理想的辩证关系

13．“台阶是一层一层筑起的，目前的现实是未来理想的基础。只想将来，不从近处现实着手，就没有基础，就会流于幻想。”这句至理名言说明（　　）。

A．理想源于现实又高于现实

B．理想是美好的，现实是艰难的

C．要实现理想，就要认清社会发展的方向

D．要实现理想，就要坚持社会实践

14．下列选项中，不属于个人理想的是（　　）。

A．生活理想　　　　B．道德理想

C．职业理想　　　　D．社会政治理想

15. “检验一个人的理想之果如何，不是看他从社会上得到什么，而是看他给了人类什么。”此句说明，在理想的内容体系中，最为核心的是（　　）。

A. 个人理想　　B. 社会理想

C. 生活理想　　D. 道德理想

二、多项选择题

1. 下列选项中正确的有（　　）。

A. 事物都处在运动之中，不存在完全静止的物质

B. 事物都处于相对运动之中，存在完全静止的物质

C. 运动是绝对的，静止是有条件的、相对的

D. 运动和静止都是绝对的，但是静止是有条件的

2. “揠苗助长”这个寓言故事告诫我们，想问题、办事情（　　）。

A. 必须以尊重客观规律为基础和前提

B. 必须把尊重客观规律和发挥主观能动性结合起来

C. 要敢于创新，坚持与时俱进

D. 只要发挥主观能动性，就没有做不成的事情

3. 理想源于现实又高于现实，具有（　　）。

A. 幻想性　　B. 超前性

C. 实现的可能性　　D. 不可预测性

4. 下列选项中，不能体现社会理想的有（　　）。

A. 兴之所至，心之所安；尽其在我，顺其自然

B. 富贵不能淫，贫贱不能移，威武不能屈

C. 把中国建设成为社会主义现代化强国

D. 谋一个合适的职位，成就一番事业

5. 个人理想和社会理想是辨证统一的，主要表现在（　　）。

A. 社会理想指引着个人理想

B. 个人理想决定、制约着社会理想

C. 社会理想和个人理想相互排斥

D. 社会理想是个人理想的凝练与升华

三、判断题

1. 规律具有普遍性，但是存在没有规律的物质运动。（　　）

2. 自然界的存在和发展是客观的，人的存在和发展也是客观的。（　　）

3．人与其他生物一样，都是依靠本能被动生存的。（　　）

4．主观能动性也称自觉能动性，不是人所特有的一种能力。（　　）

5．尊重客观规律是正确发挥主观能动性的前提。（　　）

6．理想是脱离现实生活的主观臆想，没有实现的可能性。（　　）

7．社会理想的实现，必须以个人理想的实现为前提和基础。（　　）

8．现阶段，实现中华民族的伟大复兴是中国人的社会理想。（　　）

四、简答题

1．规律有哪些特征？

2．简述客观规律性与主观能动性的辩证统一关系。

3．简述理想与现实的辩证关系。

五、材料分析题

1．阅读下列材料，按照要求作答。

位于平流层的臭氧层是太阳紫外线辐射的主要吸收带。近年来，由于臭氧层被破坏，到达地表的紫外线辐射增强，多地相继迎来高温天气。某企业领导人在了解了全球气候变化情况和紫外线辐射对人体的伤害后，意识到防紫外线产品是一个极具潜力的庞大市场，于是迅速组织专家和技术人员研发防紫外线产品。

产品一问世就畅销国内外，该企业因此获得了良好的经济效益。随后，该企业不断调整产品结构，优化不同产品的占比，现已成了业界翘楚。

运用客观规律与主观能动性的知识，对上述材料进行简要分析。

答：____

____

____

____

____

____

____

2．阅读下列材料，按照要求作答。

某校学生小李一毕业就回到了家乡组建创业团队、成立科技公司，运用自己所学的知识探索出“公司+基地+农户”的发展模式，吸引周边农户统一种植、统一加工、统一销售，盘活闲置土地数千亩，带动上百户村民走上致富路，成为创业青年的典范。

在充满物质诱惑的当下，在国家广袤大地的西部一隅，还有很多与小李一样怀揣梦想的人。他们来自全国各地，虽然所学的专业、拥有的技术能力不同，但是都有着相同的理想——以己之所长，为国家和人民做一些有意义的事。他们腹有诗书、志存高远、坚持原则、艰苦奋斗，在泥土的芬芳里擘画中华民族伟大复兴的新蓝图。

结合上述案例，阐述个人理想与社会理想的关系。

答：____

____

____

____

____

____

____

深思明哲理

爱我就别管我

有一次，几位科学家在海边考察时，发现一只小海龟从沙堆上的一个洞穴里探出头四处张望，在确认没有危险之后，才慢慢地、警惕地朝海里爬去。这时，一只在空中盘旋的海鸟发现了这只小海龟，于是快速落到了海滩上。小海龟发现有危险，于是急忙掉头往回爬。这一幕正好被一位科学家看见，这位科学家生恻隐之心，决定帮小海龟一把。他跑过去抱起那只小海龟，把它放到了海里。

正当他为自己的"义举"沾沾自喜时，始料不及的事情发生了。洞穴里的其他小海龟见爬出去的那只小海龟没有回来，就以为外面安全了，纷纷往外爬，于是引来了一大群海鸟。这些海龟最终无一幸免，均成了海鸟口中的美食。

实际上，第一只爬出来的小海龟是出来探路的哨兵，一旦有危险，就回去报信。科学家出于好心帮了这只小海龟，却害惨了整窝海龟。

请你结合客观规律性与主观能动性的相关知识，阐述自己在学习该案例后的心得体会。

心得体会：

邯郸学步

在两千年前，燕国有位青年，他不愁吃不愁穿，长相也不错，可是缺乏自信，总感觉自己低人一等——衣服是别人身上的好，饭菜是别人家的香，站相、坐相也是别人更高雅。一天，他听说赵国首都邯郸的人特别有风度，走起路来潇洒优雅，特别好看。于是，这位燕国青年决定去学邯郸人走路。

他来到邯郸，看着来来往往的行人，却不知自己该怎样迈开步子。这时，迎面走来一个人，年龄和这位燕国青年相仿。等那人走过后，燕国青年便跟在他身后模仿，那人迈左脚，燕国青年也迈左脚，那人迈右脚，燕国青年也迈右脚，一不留神，燕国青年就搞乱了左右。这使得这位燕国青年十分紧张，哪还顾得上走路时的仪态。

眼看那人越走越远，燕国青年渐渐跟不上了，只得回到原地。燕国青年的举动引得大街上的人驻足围观。围观者中，有的人摇头叹气，有的人捂着嘴偷笑。几天下来，燕国青年累得腰酸背疼，但是他走路的姿态与邯郸人走路的姿态仍大相径庭。

燕国青年认为学不好的原因是自己习惯了原来的行走姿态和步伐，于是下定决心要丢掉自己的行走习惯，从头开始学习走路。可是几个月后，不仅邯郸人的走路方式没学会，燕国青年还把自己原来的走路方式给忘了。眼看带来的盘缠就要花光了，于是，燕国青年决定回家。因为忘记了自己该怎样走路，完全迈不开步子，无奈之下，燕国青年只好一路爬了回去，样子好不狼狈。

请你从哲学角度出发，阐述自己在学习该案例后的心得体会。

心得体会：

国之需要，我之理想

中国工程院院士钱七虎是“八一勋章”获得者之一，为国铸盾六十余载。他用一生践行了这样一句话：国之需要，我之理想。

钱七虎出生于 1937 年 10 月。那一年，淞沪会战爆发，侵略者占领上海，人民流离失所，钱七虎的母亲在逃难途中生下了钱七虎。在战火中，钱七虎度过了童年时光，他目睹了侵略者铁蹄下的满目疮痍，同时在心中埋下了矢志报国的种子。

中华人民共和国成立后，依靠人民政府的助学金，钱七虎得以完成中学学业。1954 年，哈尔滨军事工程学院（以下简称“哈军工”）来上海中学招生。“上海中学要选几个优秀毕业生去哈军工。团委书记找我谈话，他说在朝鲜战争中，西方国家的武器装备比中国的先进，组织希望我去哈军工。”钱七虎说。

起初，钱七虎的理想是有朝一日能够驾驶着中国设计制造的飞机遨游蓝天，却没想到被分到了防护工程专业。钱七虎说："哈军工录取通知书上写着'这是你的光荣，也是学校的光荣。'我感到很光荣，因为组织信任我。我服从分配，而且是愉快地服从分配。"

1960 年，钱七虎又被选派到苏联莫斯科古比雪夫军事工程学院学习深造。1965 年，钱七虎学成回国。从那时起，为国家铸就坚不可摧的"地下钢铁长城"，就成了钱七虎毕生的事业追求。60 多年里，钱七虎参与了许多重大国防工程，牵头制定了中国首部城市人防工程防护标准，创建了中国防护工程人才培养体系，解决了核武器和常规武器工程防护一系列关键技术难题。

钱七虎在 80 多岁时，依然活跃在多个重大工程现场，常常深入地下数百米进行现场考察。现场工作人员劝钱七虎将深入地下的工作交给年轻人干，钱七虎却说："那怎么行？不到现场去，凭拍脑袋、凭别的地方的经验来解决这个地方的问题，是会出大问题的。地下工程是个高风险工程，要有敬畏之心。"

钱七虎以科技报国作为人生理想，他表示自己一生从未动摇的目标就是"为祖国铸就一座打不烂、炸不毁的'地下钢铁长城'"。钱七虎始终把个人理想与祖国需要紧密联系在一起，从青年求学到为国铸盾 60 年，从"逃难小子"到国防专家，钱七虎是不知疲倦的追梦者，更是照亮中华人民共和国前路的启明星。

请你从个人理想与社会理想的关系出发，阐述自己在学习该案例后的心得体会。

心得体会：

鉴读促发展

都江堰：顺应规律，人定胜天

位于四川省成都市西北的都江堰是世界上现存最古老、规模最大、维护最完整的灌溉工程之一。2000 年 1 月，都江堰被联合国教育、科学及文化组织（简称“联合国教科文组织”）列入世界文化遗产，且是唯一一个以水利为主题的世界文化遗产。

相传，都江堰是由战国时期秦国蜀郡郡守李冰及其子主持建造的。整个都江堰枢纽分为渠首和灌溉水网两大系统，其中渠首包括了分水工程“鱼嘴”、溢洪排沙工程“飞沙堰”、引水工程“宝瓶口”三大主体工程。设计者通过巧妙的工程设计，利用地形、地势使江水在“鱼嘴”处按比例分流。春季雨水不足时，四成的水流入外江，六成的水量流入内江，以保证春耕时所需要的水。夏季洪水期，则让六成的水进入外江，四成的水进入内江，使农田免受洪水之灾。

英国学者李约瑟曾在《四川——自由中国的心脏》中这样描述都江堰和中国人：“将超自然、实用、理性和浪漫因素结合起来，在这方面任何民族都不曾超过中国人。”

都江堰充分利用河流水文及地形特点布置工程设施，既使之满足了引水与通航的需求，又不改变河流原有的自然特性。“中国水利工程的规划理念和技术内核少有征服自然的意识，其蕴含的生命力和文化的魅力来自对自然与河流的尊重。”中国水利学会水利史研究会会长、中国水利水电科学研究院副总工程师谭徐明说。

敬畏自然，尊重规律，正确发挥主观能动性，促进人与自然和谐共生，才有了都江堰这一伟大工程。大道无言，都江堰就像一部写在大地上的《道德经》，在历史的长河中诠释着“道法自然”的要义。

第二单元

辩证看问题，走好人生路

第四节　客观联系实际，全面看待问题

识图知要点

- 01 联系的普遍性与客观性
  - 普遍性：物质世界是普遍联系的统一整体，不存在孤立的事物
  - 客观性：联系是事物本身所固有的，不以人的意志为转移
- 02 联系的多样性与条件性
  - 多样性：包括直接联系和间接联系、内部联系和外部联系、本质联系和非本质联系、必然联系和偶然联系等
  - 条件性：任何联系都依赖一定的条件，也会随着条件的改变发生变化
- 03 整体与部分的关系
  - 整体与部分相互联系，密不可分
  - 整体由部分构成，部分的功能及其变化会影响整体的功能
  - 在立足整体、统筹全局的同时，重视部分的作用，善于抓住关键部分
- 04 用联系的观点处理各种关系
  - 人与自然的关系
  - 人与社会的关系
  - 人与自身的关系

巧练打基础

一、单项选择题

1. “世界是普遍联系的。”这句话表明（　　）。

   A．联系间的联系是人类创造出来的

   B．联系是事物发展的动力和源泉

C．所有事物都同其他事物处于一定的联系之中

D．任何具体的联系都依赖一定的条件

2．现代科学发展的重要特征是把两门甚至多门不同的学科联系起来，建立综合性学科。这表明（　　）。

A．事物之间的联系总有人为因素

B．人类可以随意建立事物之间的联系

C．事物的联系是主观的

D．世界是一个普遍联系的整体

3．联系具有（　　），不以人的意志为转移。

A．普遍性　　B．客观性

C．多样性　　D．条件性

4．有的人把“8”视为吉利数字，而把“4”“13”视为不吉利数字。这种想法否认了联系的（　　）。

A．普遍性　　B．客观性

C．多样性　　D．条件性

5．关于联系，下列说法正确的是（　　）。

A．联系是事物本身所固有的，无法改变

B．世界上有孤立存在的事物

C．联系是绝对的、无条件的

D．事物的联系是多种多样的

6．当前，浙江正在大力发展湾区经济，致力于到 2035 年，将以杭州湾经济区为核心的大湾区建设成绿色智慧、和谐美丽的世界级现代化大湾区。这表明（　　）。

A．任何事物之间都存在联系

B．人总能根据自己的需要建立新的联系

C．事物是普遍联系的，要用联系的观点看问题

D．联系是单一的，会以时间、地点和条件为转移

7．在分析和把握事物存在和发展的各种条件时，坚持一切以时间、地点、条件为转移。这种做法（　　）。

A．违背了普遍联系的观点

B．是联系的条件性的要求

C．否认了联系的客观性

D．是形而上学唯物主义的观点

8．灾害一般是在各种不利因素同时出现时发生的，会给人们的生产、生活造成直接或间接的不利影响。这使我们更深刻地认识到（　　）。

① 联系是普遍的，任何两个事物之间都有联系

② 联系是多样的，应全面认识与事件有关的各种联系

③ 联系是客观的，灾害的发生与人的活动无关

④ 联系是有条件的，应注意具体分析灾害发生的各种条件

A．①②　　B．②③

C．①③　　D．②④

9．下列选项中，与“牵一发而动全身”所体现的哲理相同的是（　　）。

A．驽马十驾，功在不舍　　B．一着不慎，全盘皆输

C．愚者千虑，必有一得　　D．天下难事，必作于易

10．“一花不是春，孤雁难成行。”这句话表明（　　）。

A．部分的功能及变化会影响整体

B．部分没有整体重要

C．整体服从和服务于部分

D．整体具有部分所不具有的功能

11．当个人利益与国家利益发生矛盾时，之所以强调个人利益要服从国家利益，是因为（　　）。

A．部分对整体没有太大影响

B．整体离不开部分，部分可以离开整体

C．部分高于整体，应服务整体

D．整体统率部分，部分从属于整体

12．室内设计中，最能体现设计感的往往是一些细节处的“点睛之笔”，它往往能增强设计感，让人眼前一亮。这表明（　　）。

A．没有整体便没有部分

B．没有部分便没有整体

C．部分的功能及其变化会影响整体的功能

D．整体的功能及其变化会影响部分的功能

13．古人云：“不谋万世者，不足谋一时；不谋全局者，不足谋一域。”这告诉我们（　　）。

A．整体更为重要，一定情况下可以忽视部分的作用

B．没有部分便没有整体

C．要树立全局观，立足整体，统筹全局

D．关键部分对整体起决定作用

14．苏轼在《琴诗》中写道：“若言琴上有琴声，放在匣中何不鸣？若言声在指头上，何不于君指上听？”诗中，琴、指头、声音三者之间的联系表明（　　）。

A．事物与事物之间是有区别的

B．系统和要素是能够相互转化的

C．整体具有部分没有的功能

D．整体与部分之间没有联系

15．有这样一道数学题：$90\% \times 90\% \times 90\% \times 90\% \times 90\% \approx 59\%$。该题启示我们（　　）。

A．主要矛盾在事物发展过程中处于支配地位

B．要抓住时机，实现事物的质变

C．要注重系统内部结构的优化

D．要立足整体，统筹全局

二、多项选择题

1．联系具有（　　）。

A．普遍性　　B．多样性

C．客观性　　D．条件性

2．关于联系，下列说法正确的有（　　）。

A．联系只存在于人类社会

B．联系体现了人的主观能动性

C．世界是普遍联系的，联系具有普遍性

D．我们要正确认识和处理整体与部分的辩证关系

3．关于个人与社会，下列说法正确的有（　　）。

A．每个人都是社会的组成部分

B．社会是由一个个具体的人组成的

C．个人与社会紧密联系

D．个人离开了社会将无法生活

4．关于整体与部分，下列说法正确的有（　　）。

A．部分独立于整体

B．应立足整体，统筹全局

C．整体制约着部分

D．整体由部分构成，没有部分便没有整体

5. 在科技创新中，时常存在“管理孤岛”“资源孤岛”“信息孤岛”“技术孤岛”等现象，导致各子系统之间的资源、信息、人才等流动不畅，科技创新效率低下。消除科技创新中的“孤岛现象”，就要（　　）。

A. 立足关键部分，充分发挥关键部分对整体功能的决定作用

B. 破除封闭观念，实现系统中各个要素功能的最大化

C. 用综合的思维方式认识和处理问题，促进系统优化

D. 破除体制机制障碍，达到整体功能大于部分功能之和的效果

三、判断题

1. 联系具有多样性，要重视事物的有利条件，回避事物的不利条件。（　　）

2. 联系是事物本身所固有的，联系的性质和方式不会随条件的改变而发生变化。（　　）

3. 整体功能一定大于各个部分功能之和。（　　）

4. 要重视部分的作用，善于抓住关键部分。（　　）

5. 自然是为人类服务的，人类可以随意改造自然。（　　）

6. 顺应社会发展规律就能实现人与自然和谐相处。（　　）

7. 个人与社会是紧密联系的，应重视社会对个人发展的作用。（　　）

四、简答题

1. 什么是联系？

2. 为什么说“联系具有普遍性”？

3. 简述整体与部分的关系。

五、材料分析题

1. 阅读下列材料，按照要求作答。

2018 年 10 月 24 日，被誉为“新世界七大奇迹”之一的港珠澳大桥正式通车。港珠澳大桥的建设，为粤港澳大湾区经济社会发展提供了有力支撑，推动了粤港澳大湾区城市群的发展，并且带动了中南、西南地区的发展，是中国经济战略整体布局的一大创举。

结合上述材料，运用联系的观点分析建设港珠澳大桥的意义。

答：____

____

____

____

____

____

____

____

2. 阅读下列材料，按照要求作答。

海绵城市又称水弹性城市，是新一代城市雨洪管理概念。下雨时吸水、蓄水、渗水、净水，需要时将储存的水释放并加以利用，实现雨水在城市中自由迁移。

“渗、滞、蓄、净、用、排”是建设海绵城市的主要环节，每一个环节都至关重要。其中，第一个环节是“渗”，即通过自然循环让雨水直接进入土壤，通过土壤净化水质；第二个环节是“滞”，即建造一些水洼、水渠，让雨水汇集到一个合适的地方，避免内涝；第三个环节是“蓄”，即尊重自然地貌，让雨水汇集到蓄水池、湖泊等中；第四个环节是

"净"，即通过土壤吸附、植物吸收等方式，对蓄水池、湖泊等中的水进行净化处理；第五个环节是"用"，即充分利用净化后的雨水，如绿化浇灌、道路冲洗等；第六个环节是"排"，即排放过多的雨水，避免内涝。

运用整体与部分的相关知识，对上述材料进行分析。

答：____

____

____

____

____

____

____

____

深思明哲理

"牧光互补"　变荒漠为绿洲

青海省立足资源禀赋，依托地形优势和光照条件，借助光伏发电产业建立"牧光互补+水光互补"新发展模式，大力发展"板下经济"，探索出了一条光伏生态园和藏羊养殖产业相结合，绿色、低碳、循环发展的新路径。

青海省海南藏族自治州共和县塔拉滩光伏园（以下简称"光伏园"）是目前全球最大的光伏基地，年均发电量 100 亿度，植被覆盖率达 80%，光伏园区由原本的"荒漠之地"变为"生态绿洲"。

在太阳能光伏板的遮挡下，光伏园区土壤涵水能力较强，野草生长迅猛，在一定程度上影响了光伏板吸收太阳能的效率。把羊群引入光伏园区，便成为两全之策。太阳能光伏板以上用于发电，以下用于牧羊。放养的藏羊吃掉了生长茂盛的杂草，减少了光伏园除去杂草的人工成本，也节省了牧民购买饲料的成本，实现了光伏企业和牧民双向受益。不仅如此，在光伏园区牧羊还有利于光伏园区生态良性循环发展。

光伏发电和牧羊看似是没有直接关系的两件事情，把它们结合在一起，却能产生意想不到的正向结果。

请你结合联系具有普遍性、多样性的相关知识，阐述自己在学习上述案例后的心得体会。

心得体会：

大　雁

一群大雁正飞往暖和的南方过冬，它们飞翔时排列整齐，像是写在天上的“人”字。有一天，一只年轻的大雁突然离开队伍，自己飞走了。它一边飞一边自言自语道：“我为什么一定要排着队飞呢？多不自由呀！”它随心所欲地飞来飞去，感到无比开心。

过了一阵子，这只年轻的大雁感到飞得很吃力，身体也越来越重了，于是它开始后悔，认为自己当初不应该离开队伍。正在这时，一只年长的大雁飞来，年轻的大雁就好奇地问：“为什么我离开队伍就飞不动了呢？”年长的大雁告诉它：“大家排队飞翔时，把周围的空气扇起来形成了向上和向前的气流，借着这股气流，每只大雁飞起来都比较省力。你离开队伍就没有了那股气流，所以很快就累了。”

年轻的大雁明白了其中的道理后，跟在年长的大雁后面去追赶队伍了。

请你结合整体与部分的哲学原理，阐述自己在学习上述案例后的心得体会。

心得体会：

做生态文明建设的实践者、推动者

新时代以来，参与生态环境保护的公众人数之多和生态环境保护范围之广都是前所未有的。据统计，10 年间，参与生态环境保护的公众累计超过 55 亿人次，义务植树 216.86 亿株（含折算），在祖国的广袤大地上种下绿色希望；全国环境保护类志愿服务项目超过 130 万个，越来越多的普通人成为“民间河长”“生态卫士”“环保守夜人”；“光盘行动”、垃圾分类、绿色出行等渐成风尚……简约适度、绿色低碳的生活理念和行为方式越来越受人们推崇。

近年来，为了推动生态文明建设，不少地方还推出个人碳账户，帮助人们计算“碳账”——绿色骑行、驾驶新能源汽车、减少使用一次性餐具等，都可以折算成“减排量”，个人可以获得相应的绿色积分。个人碳账户为人们积极参与减污降碳提供了重要抓手。同时，网上还出现了“云端植树”，人们足不出户，在网上就可以参加植树活动，使“随愿、随处、随时植树”的想法变成现实。

人不负青山，青山定不负人。保护自然就是在保护人类，建设生态文明就是造福人类。每个人都应该行动起来，通过各种方式积极做生态文明建设的实践者、推动者，促进人与自然双向奔赴、和谐共生。

请你围绕如何用联系的观点看待人与自然的关系，阐述自己在学习上述案例后的心得体会。

心得体会：

鉴读促发展

上海合作组织

上海合作组织简称“上合组织”，是哈萨克斯坦共和国、中华人民共和国、吉尔吉斯共和国、俄罗斯联邦、塔吉克斯坦共和国、乌兹别克斯坦共和国在中国上海宣布成立的永久性政府间国际组织。

上合组织强调成员国之间要相互信任、睦邻友好，鼓励成员国积极开展包括经济在内的多领域合作。对内，上合组织遵循“互信、互利、平等、协商，尊重多样文明、谋求共同发展”的“上海精神”；对外，上合组织奉行不结盟、不针对其他国家和地区的开放原则。截至 2023 年 8 月，上合组织共有 9 个正式成员国、3 个观察员国、14 个对话伙伴同联合国等国际和地区组织建立了紧密的合作关系；上合组织成员国的领土总面积超过亚欧大陆五分之三、人口总数占世界近一半。

虽然各个国家的政治制度、文化背景、地理位置不同，但是在全球经济高速发展的今天，国与国之间的联系日益紧密，许多问题（如气候问题）已不再是一个国家的问题，而是许多国家都要面对的问题，这就需要各国携起手来，共同面对。在这样的形势下，任何国家、任何民族都不能自我封闭、独善其身。上合组织顺应时代要求，为各成员国建立了新的联系，为地区间睦邻友好合作带来了新机遇与新可能。

“三北”防护林

以前，我国华北地区经常出现沙尘天气，沙尘主要来自华北地区西北方向、内蒙古及蒙古国的沙漠戈壁地带。大风从沙漠戈壁地带刮起，扬沙向下游输送，就形成了沙尘天气。

为了有效治理沙尘天气，我国从 1978 年开始建设“三北”（指西北、华北和东北）防护林工程。该工程到 2050 年结束，分为三个阶段、八期工程，2021—2023 年实施的是六期工程。据统计，截至 2018 年，“三北”防护林工程累计完成造林保存面积 30.14 万平方千米，工程区的森林覆盖率由 5.05%提高到 13.57%，特色林果业、生态旅游业也快速发展；通过大规模植树种草，累计营造防风固沙林 7.882 万平方千米，治理沙化土地 0.336 万平方千米，保护和恢复严重沙化、盐碱化的草原和牧场 10 多万平方千米；年均沙尘暴天数也从 6.8 天下降到 2.4 天，其中毛乌素、科尔沁、呼伦贝尔三大沙地得到了初步治理，沙化土地面积持续减少。

华北地区沙尘天气治理需要统筹“三北”的防护林建设。沙尘天气治理的实践证明，整个大自然是一个有机整体，全国各省市也是一个有机整体，在治理沙尘天气的过程中，处理好整体与部分之间的关系，协调统筹，共同发力，才能取得最大成果。

第五节　认识发展本质，动态地看问题

识图知要点

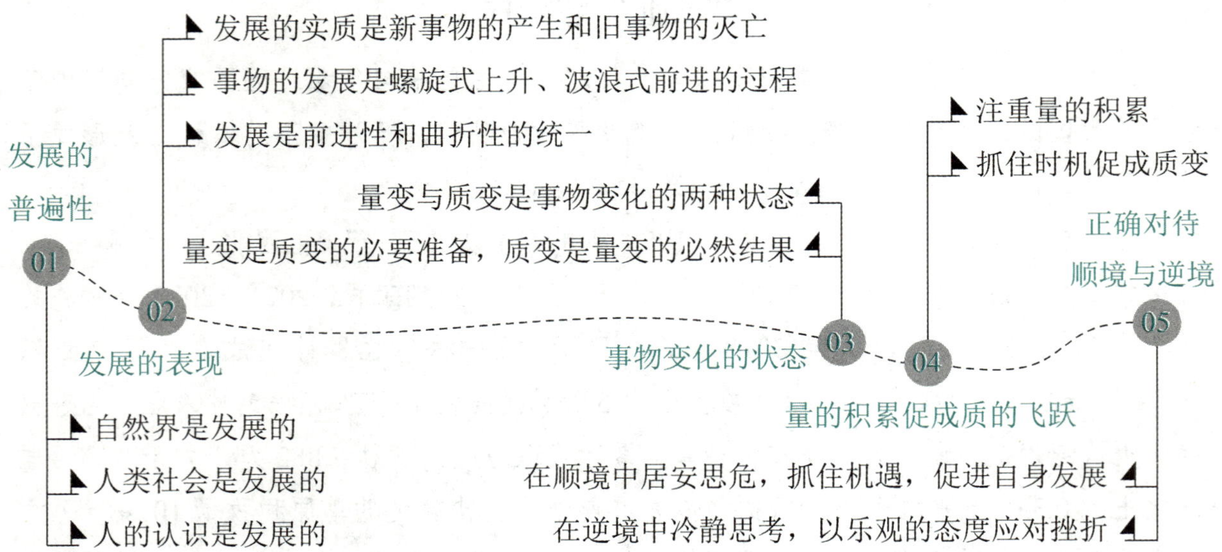

巧练打基础

一、单项选择题

1．下列选项中，既体现联系的观点，又体现发展的观点的是（　　）。

A．青出于蓝而胜于蓝　　B．城门失火，殃及池鱼

C．邯郸学步　　D．唇亡齿寒

2．新事物战胜旧事物，必然要经历一个（　　）的过程。

A．毫不犹豫、速战速决　　B．循序渐进、曲折反复

C．一蹴而就、不假思索　　D．踌躇不前、循环往复

3．判断一个事物是新事物还是旧事物，主要是判别其（　　）。

A．形式的新旧　　B．出现时间的先后

C．发展速度的快慢　　D．是否符合事物发展的客观规律

4．“发展中的困难一定会在发展中得到解决。”这句话表明（　　）。

A．要正确认识整体和部分的关系

B．世界是永恒发展的，不需要刻意解决问题

C．要坚持发展的观点，坚信发展的前途是光明的

D．发展是间歇性的

5．事物的发展总是从（　　）开始。

A．质变　　B．量变和质变

C．量变　　D．以上都不对

6．当代青年在做任何事情的时候，都要脚踏实地，从小事做起，重视（　　）的积累，为实现（　　）创造条件。

A．质　量变　　B．量　量变

C．质　质变　　D．量　质变

7．“水滴石穿”“绳锯木断”等成语所蕴含的哲理是（　　）。

① 量变是质变的必要准备

② 质变是量变的必然结果

③ 量变比质变更重要

④ 质变比量变更重要

A．①②　　B．①③

C．②③　　D．③④

8．“读书破万卷，下笔如有神。”这句诗表明（　　）。

A．人对事物的认识是一个由浅入深的过程

B．事物的发展是永恒的

C．要重视量的积累

D．量变在事物发展过程中居于支配地位

9．从前，有个人肚子饿了，一连吃了四张饼还是没有饱，于是接着吃饼。当第五张饼吃到一半时，他觉得自己吃饱了。这时，他非常后悔，认为前面吃的四张饼都浪费了。此人的观点（　　）。

A．承认量变，否认质变　　B．否认量变，承认质变

C．既承认量变，又承认量变　　D．既否认量变，又否认质变

10．为采集分布在天南海北的野生生物种子，重点收集、保存珍稀濒危物种和具有重要经济价值的野生物种，负责建立、完善中国西南野生生物种质资源库的一群年轻人翻山越岭，步履不停。他们常说“不怕空跑的次数多，只要植物还在，就有希望”。该材料说明他们（　　）。

① 能够根据自己的想法创造野生物种之间的联系

② 具备创造植物生长规律的科研能力

③ 能够以积极的心态看待逆境

④ 心中存有实现人生价值的理想信念

A．①②　　B．②③

C．①③　　D．③④

11．升学考试前，老师在教室后方悬挂了一条横幅，上面写着：“千淘万漉虽辛苦，吹尽狂沙始到金。”这句诗表明（　　）。

A．顺其自然便能够在考试中取得成功

B．量变比质变更重要，要多做题，重视量的积累，才能寻找到答案

C．要尽力避开困境，才能够取得成功

D．要努力学习，注重量的积累，促成质变

12．孟子说：“生于忧患，死于安乐。”这句话告诉我们（　　）。

① 要正确面对生死

② 逆境有利于成长，因此遇到的挫折越多越好

③ 在顺境中不能贪图安逸，应有危机感

④ 在逆境中要积极创造条件，以改变自己的处境

A．①②　　B．②③

C．①③　　D．③④

13．“差不多任何一种处境，无论是好是坏，都受到我们对待处境的态度的影响。”这句话告诉我们（　　）。

① 春风得意时要忘乎所以

② 遭遇磨难时不要气馁

③ 要追求顺境，回避逆境

④ 要善于调节心理，使逆境转化为顺境

A．①④　　B．②③

C．②④　　D．③④

14. “宝剑锋从磨砺出，梅花香自苦寒来。”这句话说明（　　）。

A. 顺境不利于人的成长发展

B. 逆境不利于人的成长发展

C. 遭遇逆境的人肯定能够成功

D. 逆境也有积极的一面，可以磨炼人的意志

15. 下列选项中，不属于正确看待逆境的方法的是（　　）。

A. 只要保持乐观，逆境就会消失

B. 要有积极的心态，保持必胜的信念

C. 要有主动适应环境变化的能力

D. 要正确看待过去，总结经验教训

二、多项选择题

1. 事物的发展是（　　）的过程。

A. 螺旋式上升　　B. 波浪式前进

C. 一蹴而就　　D. 一帆风顺

2. 关于量变和质变，下列说法正确的有（　　）。

A. 量变是事物数量的增减和组成要素排列次序的变动，是一种不显著的变化

B. 质变是事物根本性质的改变，是一种显著的变化

C. 事物的发展总是从量变开始的，质变是量变的必然结果

D. 事物的发展是从质变到量变再到质变的过程

3. 为了给数百亿支国产圆珠笔安上“中国笔头”，中国某钢铁公司艰苦攻关，经历无数次失败，终于在第五年成功研发出用钢材制造的笔尖并成功量产。这表明（　　）。

A. 事物发展的前途是光明的

B. 事物发展的道路是曲折的

C. 实践是事物发展的动力

D. 要重视量的积累，为质的飞跃创造条件

4. “不断地尝试失败，于是你积累了经验；不断地尝试成功，于是你积累了信心。人生就是一个过程，积累、迸发、再积累、再迸发，最终实现完美的自我。”这段话说明（　　）。

A. 量变是质变的必要准备

B. 人生道路上，实现质变比量变更重要

C. 要抓住时机，实现质的飞跃

D. 要正确认识和看待顺境和逆境

5. 小明的父母、爷爷奶奶、外公外婆都宠着他，对他总是有求必应。但是，他在学校的表现却不尽如人意，常常不能完成作业，一值日就喊累。这表明（　　）。

A. 顺境有利于人的成长

B. 家庭条件不能太优越

C. 顺境也有负面效应

D. 顺境容易使人丧失奋斗的动力

三、判断题

1. 发展是指事物的运动和变化。（　　）
2. “无边落木萧萧下，不尽长江滚滚来”反映了自然界是变化发展的。（　　）
3. 旧事物符合事物发展规律，具有强大生命力和远大发展前途。（　　）
4. 新事物必将战胜旧事物是不可否认的规律。（　　）
5. 新事物是对旧事物的彻底否定。（　　）
6. 事物的发展趋势是前进的，呈周期性变化。（　　）
7. 逆境可以为人生发展提供机遇和有利条件，更容易使人成功。（　　）

四、简答题

1. 为什么说“发展具有普遍性”？

2. 发展的实质是什么？

3．如何理解“发展是前进性和曲折性的统一”？

五、材料分析题

1．阅读下列材料，按照要求作答。

发展新能源汽车是中国从汽车大国迈向汽车强国的必由之路。新能源汽车以其碳排放量低、使用成本低、静谧性良好等优点受到人们青睐。近几年，新能源汽车的消费市场有所扩大，但与传统汽车相比，其市场占有率依然有限。受续航里程短、购置成本高等因素的制约，消费者对购置使用新能源汽车存在较多顾虑。

基于上述情况，从中央到地方，各级政府相继出台了一系列支持新能源汽车发展的政策，如融资、补贴、免税等，以激发新能源汽车发展的内生动力，有效引导汽车厂商加大研发投入和生产力度。

从发展的角度，分析中国政府为什么要支持新能源汽车产业。

答：

2. 阅读下列材料，按照要求作答。

一百多年前的《建国方略》中绘就了中国现代化第一张蓝图：建设 160 万千米的公路、约 16 万千米的铁路、三峡大坝……如今，这些不仅都成了现实，而且中国的现代化程度远远超出了《建国方略》中所描述的。

中国共产党用伟大奋斗创造了百年伟业，也一定能用新的伟大奋斗创造新的伟业。从“四个现代化”到现代化建设“三步走”战略，从全面建成小康社会到全面建设社会主义现代化国家，一代又一代中国共产党人带领中国人民与时俱进、砥砺前行，不断推进和拓展中国式现代化。民族复兴的蓝图已绘就，把蓝图变为现实，是一场新的长征。在全面建设社会主义现代化国家开局起步的关键时期，战略机遇和风险挑战并存，这就需要我们坚定信心、锐意进取。

结合材料，运用量变和质变的关系，阐述你对“把蓝图变为现实，是一场新的长征”的理解。

答：

深思明哲理

推进垃圾分类

随着《上海市生活垃圾管理条例》的正式实施，上海市迈入生活垃圾分类“强制时代”。随后，全国许多城市也开始实施生活垃圾强制分类。垃圾分类从倡导走向强制，变化的只是手段，最终目的还是唤醒人们的垃圾分类意识。

“垃圾分类一小步、社会进步一大步。”为了山更青、水更绿、城市更美好，我们值得费点力。每个人都得明白一个道理：对美好生活的向往，首先需要我们自己付出实实在在的努力。

垃圾分类功在当代，利在千秋。推进垃圾分类不仅可以保护环境，还可以使可回收物得到有效利用。并且，推进垃圾分类还是一个城市管理能力和市民素质的综合体现，是城市文明程度的重要标志。

就上海市而言，其垃圾处理越来越精细，要求越来越严格，这也是上海市近些年经济飞速发展导致的必然结果。2021 年，上海市 GDP 首次突破 4 万亿元人民币，达到 4.32 万亿元。从 2001 年到 2021 年，上海市 GDP 翻了 8 倍。上海市人口变多了，建成区面积扩大了，垃圾产生量也随之增大了，这一切都意味着垃圾处理的形势发生了变化，每一位上海市民都必须适应这种变化。

请你结合发展及事物变化的相关哲学知识，阐述自己在学习该案例后的心得体会。

心得体会：

火箭心脏“钻刻师”何小虎

啃下一个个“硬骨头”，获得“中国青年五四奖章”，他却说自己很平凡；成为不少人仰慕的“大国工匠”，他却说自己还差得很远。他就是何小虎。

刚参加工作那会儿，何小虎时常感到工作有些枯燥——经常要趴在机器上重复做相同的动作几百遍。但是在曹师傅等老一辈劳模的言传身教下，何小虎明白了想要成为一名优秀的技术工人，就要日复一日不断磨炼自己。于是，何小虎不再抱怨，认真对待每一个动作，在日复一日的重复劳动中不断提高自己的技术水平、磨炼自己的心性。

何小虎在研制某型号液体火箭发动机时，发现其中有个关键部件的加工精度要求极高，公差仅为0.008 mm，即使是高级技师加工，合格率也只有20%，严重影响了产品的交付周期。于是，何小虎主动请缨，决心啃这块“硬骨头”。经过查阅资料、摸索、试车，半个多月后，何小虎提出了“设备稳定性”这一加工概念，运用该方法试加工的第一批部件的合格率为100%。

何小虎用了11年的时间，从一名初出茅庐的“小白”成长为业内公认的火箭心脏“钻刻师”。提到火箭心脏“钻刻师”这一称呼时，何小虎感到有点不好意思。他说：“发动机相当于火箭的‘心脏’，我的工作就是对火箭‘心脏’的‘心脏’——发动机的涡轮泵和推力室相关零部件进行机械加工，通过操控数控机床，精确雕刻这些部件。我本身就是一个平凡的人，在平凡的岗位上工作，能够参与到国家的航天事业中来，很荣幸、也很满足。”

请你结合人的发展、量变和质变的相关知识，阐述自己在学习该案例后的心得体会。

心得体会：

鉴读促发展

“杂交水稻之父”袁隆平

袁隆平是中国农业科学家、国家杂交水稻工程技术研究中心创始人、主任。20 世纪 60 年代初，袁隆平决心改良水稻品种，以解决粮食短缺问题。

当时，研究杂交水稻是需要勇气的，因为要从当时被批判的“遗传的染色体学说”开始探索。按照当时流行的理论，水稻作为自花授粉植物是没有杂交优势的。但是袁隆平不迷信权威，亲自试验，用自己的双手和大脑开拓出一条新的科技之路。这条路从一开始就困难重重，但创新精神和爱国精神一直激励着袁隆平坚持不懈地努力。袁隆平下定决心，一定要和饥饿、灾荒做斗争，解决人民的温饱问题。袁隆平以抓铁有痕、踏石留印的决心和毅力克服了重重困难，最终培育出新一代杂交水稻品种。

试验取得成功后，袁隆平不满足于已取得的成就，不断创新，带领杂交水稻科技工作者相继成功研究出两系杂交水稻、“海水稻”等，使中国的杂交水稻研究一直保持在世界领先水平。

中国航天新高度

从“神舟一号”无人试验飞船到“神舟十六号”载人飞船，从“嫦娥一号”绕月飞行成功到“嫦娥五号”无人月面取样返回，再到“天问一号”火星探测器发射，中国航天人发扬勇于创新的进取精神，奋力拼搏、集智攻关、迎难而上，攻克了一个个尖端课题，突破了一项项关键技术，取得了一个个伟大成就。

不断刷新的中国航天高度彰显了中国特色社会主义制度的优越性，极大增强了全国人民的民族自信心与自豪感。中国有能力依靠自己的力量实现尖端科技的重大突破，牢牢掌握推动科技发展的主动权。伟大的事业孕育伟大的精神，伟大的精神引领伟大的事业。探索浩瀚宇宙、发展航天事业、建设航天强国既是对中国尖端技术和创新能力的综合检验，也是中华民族精神的充分展示。

第六节　把握矛盾规律，辩证看待问题

识图知要点

- 01 认识矛盾
  - 同一性和斗争性是矛盾的基本属性
  - 矛盾是事物发展的源泉和动力
  - 矛盾是推动人生发展的动力
- 02 矛盾的普遍性与特殊性
  - 普遍性：矛盾存在于一切事物之中，贯穿于一切事物发展过程的始终
  - 特殊性：
    - ① 不同事物有不同的矛盾
    - ② 同一事物有不同的矛盾
    - ③ 同一事物中的不同矛盾、同一矛盾的不同方面具有特殊性
  - 普遍性与特殊性的关系：
    - ① 普遍性寓于特殊性中
    - ② 特殊性离不开普遍性
    - ③ 在一定条件下，普遍性和特殊性可相互转化
- 03 两点论与重点论
  - 两点论：既要看到矛盾的主要方面，也要看到其次要方面
  - 重点论：把握主要矛盾，着重把握某一矛盾的主要方面
- 04 内因与外因
  - 内因是事物变化发展的根据
  - 外因是事物变化发展的必要条件
  - 坚持内因与外因相结合
- 05 具体问题具体分析
  - 具体问题具体分析是认识事物的基础
  - 具体问题具体分析是解决矛盾的关键
  - 对待人生矛盾要具体问题具体分析

巧练打基础

一、单项选择题

1. 一位哲学家曾说："相反的东西结合在一起，不同的音调造成最美的和谐。"这句话表明矛盾就是（　　）。

A. 对立　　B. 统一

C. 前后不一　　D. 对立统一

2. 人们常用"祸兮福之所倚，福兮祸之所伏"比喻坏事可以引发好的结果，好事也可以引发坏的结果。这一观点的合理性在于承认了（　　）。

A. 矛盾双方相互贯通、包含，不可分割

B. 矛盾双方相互对立、排斥，不可共存

C. 矛盾双方的对立统一可以推动事物发展

D. 矛盾双方在一定条件下可以相互转化

3. 下列选项中，最能体现矛盾同一性的是（　　）。

A. 居安思危　　B. 声东击西

C. 因材施教　　D. 积劳成疾

4. 人脸识别技术是指通过分析比较人脸视觉特征信息进行身份鉴别的技术，在安防、医疗、教育、金融等领域应用广泛。人脸识别技术的可行性在于（　　）。

A. 矛盾具有普遍性　　B. 矛盾具有特殊性

C. 矛盾具有同一性　　D. 矛盾具有斗争性

5. 顾客批评某售货员服务态度不好，缺乏为人民服务的思想，该售货员却回答："我是为人民服务的，又不是为你服务的。"这个售货员的观点是（　　）。

A. 正确的，符合矛盾是事物发展的动力理论

B. 正确的，符合物质决定意识理论

C. 错误的，违背了联系的普遍性理论

D. 错误的，违背了矛盾普遍性和特殊性及共性存在于个性之中理论

6. "世外桃源该多好，无奈风波添烦恼。只缘矛盾来捉弄，它是庸人爱自扰。"这种观点的错误在于（　　）。

A. 忽视了矛盾的特殊性

B. 否认矛盾双方转化的条件

C. 幻想没有矛盾，否认了矛盾的普遍性和客观性

D．只注意主要矛盾而忽略了次要矛盾

7．在事物发展过程中处于支配地位、起决定作用的矛盾称为（　　）。

A．主要矛盾　　B．矛盾的主要方面

C．重点矛盾　　D．重点论

8．事物的性质主要是由（　　）决定的。

A．主要矛盾的主要方面　　B．次要矛盾的次要方面

C．主要矛盾的次要方面　　D．次要矛盾的主要方面

9．矛盾的普遍性原理要求我们（　　）。

A．正确认识和分析矛盾，从而避开矛盾

B．既要善于抓住主要矛盾，又要善于抓住次要矛盾

C．要敢于承认矛盾、正视矛盾，用积极的态度去处理和解决矛盾

D．要学会具体问题具体分析，找到最佳方案

10．当下，越来越多的商家意识到“酒香也怕巷子深”。这种现代经营理念（　　）。

A．忽视了内因的作用

B．夸大了外因的作用

C．承认了事物发展是内因和外因共同作用的结果

D．否认了矛盾是事物发展的动力

11．（　　）是事物变化发展的依据，（　　）是事物变化发展的必要条件。

A．主要矛盾　次要矛盾　　B．关键矛盾　重点矛盾

C．内因　外因　　D．重点论　两点论

12．实施乡村振兴战略要抓重点、补短板、强弱项，从而推进乡村全面振兴。这一策略体现了（　　）。

A．坚持同一性和斗争性相统一　　B．坚持两点论和均衡论相统一

C．坚持联系观与发展观相统一　　D．坚持两点论与重点论相统一

13．“打蛇要打七寸”这句俗语告诉我们（　　）。

A．矛盾就是对立统一　　B．要善于抓住主要矛盾

C．要坚持内因与外因相结合　　D．要具体问题具体分析

14．中医讲究“异病同治”，但是“异病同治”是有条件的。然而某些“江湖神医”声称自己的药包治百病，这违背了（　　）。

A．普遍性原则　　B．两点论和重点论相统一原则

C．具体问题具体分析原则　　D．对立统一原则

15．面对人生中的矛盾，下列做法正确的是（　　）。

A．忽略矛盾的存在，眼不见为净

B．陷入迷茫，在迷茫中思考

C．正视困难的存在，积极寻找正确的解决方法

D．用强硬的手段掩盖矛盾

二、多项选择题

1．人类采用废物再利用的方式把大多数垃圾变成资源，这体现了（　　）。

A．矛盾双方逐渐融合统一　　B．矛盾双方相互分离

C．矛盾双方在一定条件下相互转化　　D．矛盾双方相互依存

2．矛盾特殊性的三种情形是（　　）。

A．不同的事物有不同的矛盾

B．矛盾具有普遍性和特殊性

C．同一事物在发展的不同过程和阶段有不同的矛盾

D．同一事物中的不同矛盾、同一矛盾的不同方面各有其特殊性

3. 深化国家监察体制改革是复杂的系统工程，在部分地区进行改革试点，先行先试，是深化国家监察体制改革迈出的重要一步。这种“先试点后推广”的做法蕴含的哲学道理有（　　）。

A．矛盾普遍性和特殊性相统一　　B．矛盾普遍性寓于特殊性之中

C．矛盾普遍性是特殊性的表现　　D．矛盾普遍性是特殊性的前提

4. 我们身边总有一些人，看上去他们很珍惜时间，实际上却不能和时间“愉快相处”，总是眉毛胡子一把抓，最终一事无成。这启示我们，做好时间管理需要（　　）。

A．放弃做一些花费时间较长的事情

B．坚持两点论和重点论相统一

C．着眼整体，把握最重要的事情

D．多花费一些时间才能完成更多的事情

5．下列属于正解解决人生矛盾的方法的有（　　）。

A．增强自信，正视矛盾　　B．明确目标，解决矛盾

C．发愤图强，战胜矛盾　　D．开拓创新，创造矛盾

三、判断题

1．矛盾只存在于人类社会中，不存在于自然界中。（　　）

2．事物发展不充分时存在矛盾，发展充分时不存在矛盾。（　　）

3．世界上的事物虽然都有矛盾，但是矛盾着的事物及其每一个侧面都各有其特点。这句话体现了矛盾的普遍性。（　　）

4. 矛盾是对立统一的，具有同一性和斗争性。 （ ）

5. “牵牛要牵牛鼻子”，这句话启示我们要着重把握矛盾的主要方面，抓住主流。 （ ）

6. 矛盾的特殊性要求我们要学会具体问题具体分析。 （ ）

7. “严师出高徒”和“师傅领进门，修行在个人”都强调了外因的重要性。 （ ）

四、简答题

1. 为什么说“矛盾是事物发展的源泉和动力”？

2. 简述两点论与重点论。

3. 在人生发展中，如何做到内因与外因相结合？

五、材料分析题

1．阅读下列材料，按照要求作答。

公安部、应急管理部、交通运输部等八部门联合下发通知，要求各地以“知危险会避险、安全文明出行”为主题，组织开展第九个“全国交通安全日”主题活动。

通知强调，各地各部门要同联动、同部署、同落实，形成工作合力。公安交管部门要结合道路交通事故预防“减量控大”工作安排，大力实施“六大提升工程”，紧盯重点车辆、重点人群、重点地区，结合秋、冬季的特点，组织开展源头隐患清除和重点违法整治行动；应急管理部门要结合事故调查情况，及时公布一批典型道路交通事故调查报告，强化警示、震慑作用，督促相关部门举一反三，吸取事故教训，防范事故风险；交通运输部门要督促运输企业加强隐患排查治理和警示教育，开展客运、货运驾驶人安全驾驶培训工作，督促企业落实主体责任。

结合材料，运用矛盾的普遍性和特殊性辩证原理，阐述上述通知内容的合理性。

答：

2．阅读下列材料，按照要求作答。

新疆是丝绸之路上的重要节点，也是东西方文明的交汇点。西部大开发战略使新疆一跃成为西部贸易桥头堡，内联外引，辐射中国东中西部。在西部大开发进程中，国家以伊犁地区为立足点，以实现少数民族“富民固边”政策为指导，在全国人民的支持下，充分利用当地的资源和区位优势，打造以中亚为市场辐射的经济圈，直接承接沿海地区的产业转移，振兴民族经济，建设和谐社会。

结合上述材料，运用内因和外因的辩证关系原理，阐述西部大开发经济发展过程中各种因素所起的作用。

答：

3. 阅读下列材料，按照要求作答。

党的二十大报告指出，中国式现代化是人口规模巨大的现代化，是全体人民共同富裕的现代化，是物质文明和精神文明相协调的现代化，是人与自然和谐共生的现代化，是走和平发展道路的现代化。

中国式现代化的探索和实践有力地证明了一个道理，那就是世界上不存在放之四海皆准的现代化标准。中国式现代化道路是中国建设社会主义现代化强国的必由之路、正确之路，这条道路不仅走得对、走得通，也一定能够走得稳、走得好。

结合上述材料，从具体问题具体分析的角度，阐述你对“中国式现代化这条道路，不仅走得对、走得通，也一定能够走得稳、走得好”这句话的理解。

答：

深思明哲理

塞翁失马，焉知非福

古时候，边境沿线居住的人中有一位精通术数的老人，他家的马无缘无故跑到了胡人的住地。人们前来慰问老人，老人却说：“这怎么就不能是一件好事呢？”

过了几个月，那匹马带着胡人的良马回来了。人们前来祝贺老人，老人却说：“这怎么就不能是一件坏事呢？”老人家中有很多好马，他的儿子喜欢骑马，结果从马上掉下来摔得大腿骨折。人们前来安慰他们一家，老人又说：“这怎么就不能是一件好事呢？”

一年后，胡人大举入侵边境，壮年男子都被征发拿起弓箭去作战。边境沿线的人绝大部分都战死了，老人的儿子因腿瘸而免于征发，得以保全性命。

请你结合上述案例，围绕如何辩证地看待生活中的各种矛盾，阐述自己在学习该案例后的心得体会。

心得体会：

胆　小

有一个少年，他认为自己最大的缺点是胆小，因此很自卑，觉得前途无望。

一天，这个少年鼓起勇气去看医生。医生听他结结巴巴诉说完后，面带善意地微笑，握住他的手说："胆小哪里是缺点，分明是优点嘛！你不过是非常谨慎罢了。谨慎的人总是很可靠，很少出乱子。"

少年有些疑惑，说："这么说，勇敢反倒成了缺点？"医生摇摇头说："不，勇敢是优点，谨慎也是优点，只不过人们有时候更重视勇敢这个优点罢了。就好像白银与黄金相比，大多数情况下，人们更注重黄金。"少年内心颇为宽慰，眉头有些舒展。

医生又问："你喜欢废话多的人吗？"少年说："不喜欢。"医生说："你若是看过巴尔扎克的小说，就会发现这位作家在写作时，针对一间屋子、一个景色"婆婆妈妈"讲很多。若剔除这些，就不是巴尔扎克的小说了，你能说这是巴尔扎克的缺点吗？"少年笑了。

医生接着说："如果你是个战士，胆小显然是个缺点；如果你是个司机，胆小肯定是个优点。如果你现在仍然认为自己胆小是个缺点的话，与其想办法克服这个缺点，倒不如想办法增长自己的学识、才干。当你见识广博、视野开阔时，你就会改变对胆小的看法了。"

请你结合矛盾的对立统一关系，阐述自己在学习该案例后的心得体会。

心得体会：

量体裁衣

古代，北京城中有位裁缝在为官员做衣服时，不仅要量其腰身尺寸，还要问其官任几年。对此，很多官员都不理解，裁缝却说："年轻相公初任高职，意高气盛，走路时挺胸凸肚，因此在裁衣时要做到后短前长；在官场上有了一定资历的官员意气微平，因此在裁衣时要做到前后一般长短；当官年久即将迁退的官员内心郁悒不振，走路时低头弯腰，因此在裁衣时要做到前短后长。"

请你结合"具体问题具体分析"理论，阐述自己在学习该案例后的心得体会。

心得体会：

鉴读促发展

中国机长

电影《中国机长》是根据四川航空3U8633航班机组成功处置特殊情况的真实事件（简称“川航‘5•14’事件”）改编而来的，讲述了中国民航英雄机组成员与119名乘客遭遇极端险情，在万米高空直面强风、低温、座舱释压等多重考验，最终安全回到地面的故事。

电影中，在风和日丽的万米高空，飞机进入巡航状态，机长告诫年轻的副机长：“要想当一个好机长，一定要牢记，当你认为没有错误的时候，错就一定会来找你。”话音刚落，驾驶舱右侧玻璃忽然爆裂，副驾驶半个身子被吸出窗外。在经历了客舱释压、机组成员受伤、旅客情绪失控等情形后，机长沉着冷静地驾驶飞机，最终安全地降落到了地面。

川航“5•14”事件比电影中的更凶险。事发时挡风玻璃破裂，强大的气流急速冲进机舱，造成机舱释压，飞机开始剧烈颠簸。不到两分钟，无线电失联了，自动驾驶设备失灵，仪表盘损坏，无法获取飞行数据，剧烈的震荡让机长无法看清仪表盘。在关键时刻，刘传健机长凭着上百次飞行的经验，操控飞机在成都机场成功迫降。川航“5•14”事件发生后，欧洲的空中客车公司按照机长刘传健在事件中的操作，制定了应对类似危机事件的操作流程。

“当你认为没有错误的时候，错就一定会来找你。”人生道路上，矛盾的出现是不以人的意志为转移的。世界上处处有矛盾，时时有矛盾，只有承认矛盾，并且在心理上和技能上做好充足的准备，才能更好地解决矛盾，进而获得成长。

第三单元

实践出真知，
创新增才干

第七节　理论打基础，实践出真知

识图知要点

01 实践是认识的基础
- 实践是认识的来源
- 实践是认识发展的动力
- 实践是检验真理的唯一标准
- 实践是认识的目的

02 实践与认识的辩证关系
- 实践决定认识，认识反作用于实践
- 实践与认识的辩证运动是一个循环往复、不断深化的过程

03 理论联系实际
- 加强理论学习，用理论指导实践
- 深入调查实际，避免教条主义

04 做到知行合一
- 勤奋学习，广泛吸收书本知识
- 投身社会实践，将知识落到实处
- 学以致用，用以促学，学用相长

巧练打基础

一、单项选择题

1．认识是在（　　）的基础上产生的。

A．社会调查　　B．实践活动

C．书本知识　　D．前人的知识和经验

2．下列说法中正确的是（　　）。

A．认识来源于人脑　　B．直接经验来源于实践

C．间接经验来源于书本知识　　D．认识的目的是系统地了解世界

3. 实践是（ ）。

A. 人们改造主观世界的一切活动　　B. 与主观思维相关的各种活动

C. 人们改造客观世界的活动　　D. 客观事物本身

4. 体现了“实践决定认识”这一观点的选项是（ ）。

① 近水知鱼性，近山识鸟音　　② 冰冻三尺，非一日之寒

③ 学如逆水行舟，不进则退　　④ 百闻不如一见，百见不如一干

A. ①②　　B. ②③

C. ③④　　D. ①④

5. 中国科学家对取自多个肝癌患者的 5 000 余个 T 细胞逐个进行基因测序，成功勾勒出每个细胞的基因表达图谱，这一成就为肝癌及其他癌症的免疫疗法奠定了基础。这表明（ ）。

A. 实践是认识的来源和发展动力

B. 实践是检验真理的唯一标准

C. 认识反作用于实践

D. 实践需要认识的指导

6. 庄子在与人辩论时曾说：“我和你辩论，你胜了我，你当真就是对的吗？我当真就是错的吗？我胜了你，我当真就是对的吗？你当真就是错的吗？谁对谁错，我和你及其他人都是无法断定的。”庄子的观点具有一定的合理性，原因在于（ ）。

A. 认识不能检验自身是否符合客观实际

B. 认识反映的是客观世界

C. 人的认识与实践密不可分

D. 实践是认识的目的和归宿

7. 下列选项中，属于实践活动的是（ ）。

① 蜜蜂酿蜜　　② 农民种地

③ 鹦鹉学说话　　④ 经济体制改革

A. ①②　　B. ①③

C. ③④　　D. ②④

8. “实践是知识的母亲，知识是生活的明灯”，这句话体现的哲理是（ ）。

A. 在实践基础上形成的正确认识能够更好地指导实践

B. 学习知识比实践更重要

C. 有时候实践比认识重要，有时候认识比实践重要

D. 知识既源于书本，又源于实践

9．下列选项中，正确表达一个完整的认识过程的是（　　）。

A．感觉—知觉—表象　　B．概念—判断—推理

C．感觉—概念—感觉　　D．实践—认识—实践

10．采用传统的玉米和大豆间作套种方法，大豆会因缺少光照倒伏严重，产量很低。针对该问题，农学家经过多年探索，反复试验，提出玉米和大豆带状复合种植的新理论和新方法，实现了两种作物的优势互补和增产增收。这表明（　　）。

① 正确的认识只能从实践中来　　② 实践是认识的来源

③ 认识决定实践　　④ 实践会阻碍认识的发展

A．①②　　B．①③

C．①④　　D．③④

11．“凡是在理性中所有的，最初无不在感觉之中”，这一观点（　　）。

A．揭示了感性认识和理性认识的辩证关系

B．揭示了感性认识是认识的初级阶段

C．否认了理性认识是感性认识的发展、飞跃

D．否认了感性认识在认识过程中的重要作用

12．“没有调查就没有发言权”强调的是（　　）。

① 实践是认识的来源　　② 实践依赖于认识

③ 实践对认识具有决定作用　　④ 理论需要与实际相结合

A．②③④　　B．①③④

C．①②④　　D．①②③

13．下列选项中，与“空谈误国、实干兴邦”所体现的哲理相同的是（　　）。

A．秀才不出门，便知天下事　　B．学而不思则罔，思而不学则殆

C．读书破万卷，下笔如有神　　D．纸上得来终觉浅，绝知此事要躬行

14．下列做法中，体现了知行合一的是（　　）。

A．将认识活动和实践活动紧密结合　　B．将课堂知识和课外知识紧密结合

C．同时提高学习能力和思维能力　　D．基于科学理论优化科学技术

15．歌剧《呦呦鹿鸣》讲述了屠呦呦等人发现青蒿素的故事，并荣获全国第十五届精神文明建设“五个一工程”优秀作品奖。这表明（　　）。

A．艺术创作灵感来源于创作者的苦思冥想

B．艺术创作需要体现出对传统文化的传承

C．艺术创作是一个知行合一的过程

D．艺术创作比实际生活更为高尚

二、多项选择题

1．科学家研究发现，人脑通过一个特殊机制可以将分布在脑部不同区域的“记忆碎片”组合在一起，形成一段完整的记忆。这一研究成果为治疗一些记忆衰退的脑部疾病提供了新的思路。上述材料蕴含的哲学道理有（　　）。

A．实践是认识的来源　　B．认识必须经过实践的检验

C．实践推动认识的不断深化　　D．实践不断产生新需求

2．2019年诺贝尔生理学或医学奖获得者的开创性发现，揭示了生命中最重要的氧气适应过程的机制，这一发现为抗击贫血、癌症和其他疾病的研究提供了有用的线索。这表明（　　）。

A．科学研究和实践之间没有关系

B．世界上还有很多事物是我们无法认识的

C．实践是认识的目的，认识最终要回到实践中

D．正确的认识对实践有积极的促进作用

3．“医生，不打针行不行啊？”这句话道出了很多患者的心声。为了解决这一问题，科学家们研究出了无针头注射器。这是一种喷射式注射器，可以在没有针头的情况下，利用高速压力将药物注入皮肤内。这主要说明（　　）。

A．认识可以反作用于实践　　B．认识反映客观事物

C．实践是认识发展的动力　　D．实践是检验真理的唯一标准

4．要做到知行合一，必须（　　）。

A．勤奋学习，广泛吸收书本知识

B．投身社会实践，在实践中锻炼能力，增长才干

C．只要学好课堂知识就可以了

D．在实践中不断学习，用学习到的知识指导实践

5．下列名言中，体现了理论联系实际的有（　　）。

A．见之不若知之，知之不若行之

B．读万卷书，行万里路

C．不积跬步，无以至千里

D．路曼曼其修远兮，吾将上下而求索

三、判断题

1．俗语说：“没吃过猪肉，也见过猪跑。”该句表明并非所有知识都需要人们从自己的亲身实践中获得。（　　）

2．认识世界是改造世界的目的。（　）

3．“你要有知识，你就得参加变革现实的实践。你要知道梨子的滋味，你就得变革梨子，亲口吃一吃。”这句话说明了认识的重要性。（　）

4．书本知识是从实践中总结出来的，因此在面对实际问题时，可以直接套用书本知识。（　）

5．流体静力学原理的产生是为了解决 16—17 世纪意大利治理山区河流问题。这说明实践是认识发展的动力。（　）

6．实践是永恒的、不断发展的。（　）

7．感性认识是生动的、丰富的、具体的和直接的认识，能反映事物的本质和内在联系。（　）

8．“以行而求知，因知以进行”，这一观点强调知行合一。（　）

四、简答题

1．为什么说“实践是检验真理的唯一标准”？

2．简要说明认识过程的两次飞跃。

3．如何做到理论联系实际？

4．为什么不能说感性认识是错误的，理性认识是正确的？

五、材料分析题

1．阅读下列材料，按照要求作答。

抗生素问世后，患有肺炎、脑膜炎等疾病的患者得到了有效救治，这让抗生素一度成为应用十分广泛的治疗药物。然而在大量的临床实践中，人们渐渐发现抗生素也有很多弊端，如影响人体的血液系统，使人体产生耐药性等。因此，中国在加快研制新抗生素药物的同时，也加强了对现有抗生素使用的管制。专家也强烈呼吁民众减少抗生素的滥用。

上述材料是怎样体现“实践是认识的基础”这个哲理的？

答：________________

2．阅读下列材料，按照要求作答。

长期以来，人们习惯视沙漠为害，认为沙漠是资源“荒地”。20 世纪 80 年代，人们在积极探索治理沙害的过程中，不仅积累了许多宝贵的经验，也认识到沙漠是资源。随后，人们提出沙产业理论，主张创建和发展“利用阳光，通过生物延伸链条，依靠科技对接市场”的沙产业，这是人类认识自然的一次重大突破。

在沙产业理论的指导下，防沙治沙由过去的被动防治走向主动开发和利用沙地资源，既控制了沙漠的蔓延，又为实现人与自然的和谐发展探索出了一条新路。例如，科研人员掌握了肉苁蓉、锁阳等名贵中药材人工种植关键技术后，通过在大型植物防沙工程体系内接种肉苁蓉，使植物防沙工程的生态经济价值得到了极大提升。

实践证明：科学开发和利用沙漠，沙漠是可以化害为利、造福人类的。

运用实践与认识的辩证关系，对上述材料进行分析。

答：________________

深思明哲理

王清任著成《医林改错》

王清任是中国清代著名医学家，著有《医林改错》一书。《医林改错》中既有关于解剖实践和医疗活动的笔记记录，又有临床诊疗的病案总结，还有谈医论道和评古说今的观点记述，凝聚着王清任一生的心血。

王清任在研究古代医书时，发现《黄帝内经》中有不少错误，其他医书对人体脏腑的位置、大小和重量的描述也不确切。于是，他决心对前人所著的医学典籍中关于人体结构的部分进行一次彻底的修正。

想要获得人体脏腑的具体数据，就需要对尸体进行解剖，没有可以用于解剖研究的尸体就是王清任需要解决的第一大难题。为此，他深入瘟疫流行的灾区，实地观察瘟疫中亡者的尸体。经过多年的实践调查研究，王清任绘制出大量的脏腑图，修正了《黄帝内经》中的错误并完成《医林改错》一书，将中医学的理论和实践推上了一个新高度。《医林改错》中的几十幅脏腑图深刻地反映出当时人们对人体解剖的认识。

请你围绕实践与认识的辩证关系，阐述自己在学习上述案例后的心得体会。

心得体会：

用科技助力智慧农业

小贺是江西省萍乡市莲花县升坊镇太岭村人，先后在北京、上海工作。每次回家探亲，看到村里的人越来越少，荒地越来越多，小贺的心里就很不是滋味。于是，他果断辞去工作回乡，和同学一起创办了莲花县梦莲农业专业合作社。

农民并不好当。莲花县梦莲农业专业合作社开展的第一项业务——草鱼养殖就让小贺碰了壁：一是山里鸟多，很多鱼苗都被鸟吃了；二是消杀寄生虫时用药过多，造成鱼苗大量死亡。这些失败的经历让小贺认识到了科技种养的重要性。

小贺深知自己所掌握的农林牧渔专业知识非常有限，于是便开始花费大量精力学习理论、钻研技术，时常外出参与交流，聘请专家实地指导。此外，小贺充分发挥自己作为一名通信工程专业毕业生的优势，推出了一系列高科技种养方式，如开发数字化 GPS 羊群管理系统，使用 PLC 编程控制器实现大棚自动灌溉，利用 LED 补光及加热辐射技术解决鸡、鸭苗御寒脱温问题，将报废的洗衣机改装成定时喂料机，等等。这些技术为莲花县梦莲农业专业合作社解决了不少现实问题，小贺也因此逐渐成为当地新型职业农民的代表。

请你结合实践与认识的相关知识，阐述自己在学习上述案例后的心得体会。

心得体会：

鉴读促发展

王阳明与“知行合一”

“知行合一”是明代理学家、教育家王阳明提出的哲学理论。其中，“知”主要指人的知识、道德意识和思想意念，“行”主要指人的行为。

王阳明认为“知”和“行”是统一的，二者不能分离。他提出“知是行之始，行是知之成”“知而不行，只是未知”，大意是说，实践是获取认知的必要途径，通过社会实践才能总结出规律性的知识；只知道而没有按照自己所知道的做，便不能算是获得了真知。

王阳明极力反对“讲之以口耳”的学风，认为学者必须“知行并进”，既不能“懵懵懂懂的任意去做”，也不能脱离实践，“茫茫荡荡悬空去思索”。

实干笃行在一线

湘江边上有一片稻田，是高档优质香型镉低积累水稻品种“韶香100”种植试验示范田，由时任湖南省农业科学院湖南杂交水稻研究中心研究员、杂交水稻全国重点实验室副主任赵炳然及其团队一起培育。

2023年8月1日，这片稻田迎来了第三方专家组的测产。此次测产的“韶香100”属再生稻，于当年3月播种，其应用的一种“高通量靶向鉴定理化诱变植株M1代突变及获取突变体的方法”技术获得了国家发明专利。

稻田播种以来，赵炳然及其团队用心呵护。虽已年近六旬，赵炳然仍坚持下田，看水稻长势，察田间管理。看着他赤脚在田里干活，当地农民不由得竖起大拇指赞扬道：“一看就是老把式。”赵炳然深知良种对粮食安全的重要性，他说：“现实农业现代化，种子是基础。我们这些搞育种的，得担起自己的责任。”

专家组很快便给出了测产结果——“韶香100”头季平均亩产干谷462.9公斤，同时郑重建议赵炳然团队：“加快申请品种审定，推进该成果的产业化进程。”

赵炳然及其团队虽然取得了骄人的成绩，但是他们并没有因此停下脚步。赵炳然说：“我们现在只是迈出了第一步，虽然意义重大，但后面还有更长的路要走。”

中国人只有用自己的手攥紧中国种子，才能端稳中国饭碗，才能实现粮食安全。赵炳然团队致力于为实现种业科技自立自强、种源自主可控、确保中国人的饭碗主要装中国粮而贡献科研力量。

第八节　实践长经验，明辨求真理

识图知要点

- 01 现象与本质的辩证关系
  - 现象与本质是相互区别的
  - 现象与本质是相互依存的
- 02 透过现象看本质
  - 需要掌握大量现象
  - 需要分析、研究大量现象及其之间的关联
- 03 识别真象与假象
  - 真象以正面形式表现本质
  - 假象以反面、歪曲的形式表现本质
- 04 真理与谬误
  - 真理具有客观性，其内容不依赖于主体而存在
  - 谬误是背离客观事物的认识，与真理构成认识过程中的一对矛盾
  - 在实践中认识和发展真理

巧练打基础

一、单项选择题

1．现象虽然多种多样、纷繁复杂，但都是由事物的（　　）决定的。

A．矛盾　　B．规律

C．本质　　D．客观性

2．人们常说“会看的看门道，不会看的看热闹”，这里的“门道”和“热闹”分别是指（　　）。

A．现象和本质　　B．本质和现象

C．客观和主观　　D．主观和客观

3．现象分为真象和假象。其中，假象是（　　）。

A．事物本质的歪曲表现　　B．人们认识中发生的错觉

C．人们任意制造的现象　　D．与本质无关的现象

4．水有液态、气态和固态，但都是氢和氧两种元素组成的，其分子式都是H_2O。这一自然科学常识蕴含的哲理是（　　）。

A．现象和本质是统一的

B．现象和本质是对立的

C．现象和本质既有区别又有联系

D．认识了现象就等于认识了本质

5．“眼见为实”是人们经常说的一句话，但有的时候“眼见”未必“为实”。这说明（　　）。

A．人们不可能认识事物的本质

B．认识事物不能只停留于表面现象

C．人们只能认识事物的现象

D．只有亲眼看见了，才能真正认识事物

6．“月亮绕地球公转”“水往低处流”等现象都阐释了一个原理——万有引力。这表明（　　）。

A．本质是个别事物的内在表现

B．同一本质可以表现为不同的现象

C．现象、本质都隐藏在事物的内部

D．同一现象可以表现不同的本质

7．将一根笔直木棍的一部分插入水中，这根木棍看上去就像是弯曲的。这说明（　　）。

A．本质离不开现象

B．现象离不开本质

C．假象也是对事物本质的表现

D．假象否定了事物的本质

8．“知人知面不知心”“刀子嘴豆腐心”“笑里藏刀”等俗语表明，要了解一个人，必须（　　）。

A．透过现象认识事物的本质

B．透过假象认识真象

C．透过本质识别事物的假象

D．透过真象识别假象

9．“听其言，观其行，知其心”这句话表明（　　）。

A．现象未必反映本质

B．人的表里总是一致的

C．所有现象都能如实地反映本质

D．透过现象能够认识事物的本质

10．狐假虎威的故事告诉我们（　　）。

A．现象和本质没有区别

B．现象有真象和假象之分，假象不能表现本质

C．现象的存在不依赖于本质

D．现象和本质是有区别的，要透过现象看本质

11．探测行星大气中的氧气一直是寻找地球外生命的一个标准，恒星的紫外辐射也会使行星上产生氧气分子，从而形成虚假生命信号。从哲学的角度看，虚假生命信号体现了（　　）。

A．现象有真象和假象之分

B．存在不表现本质的现象

C．本质都是深藏在现象背后的，人们无法认识

D．存在不表现为现象的本质

12．关于真理和谬误，下列说法正确的是（　　）。

A．真理是客观的，谬误是主观的

B．真理和谬误都是无条件的

C．真理是对客观事物的正确反映，谬误是对客观事物的歪曲反映

D．真理反映了本质，谬误反映了现象

13．“我看到了苹果落地，为什么没有看到引力呢？”这句话蕴含的哲理是（　　）。

A．认识事物的现象与认识事物的本质毫无关系

B．现象不一定都表现本质

C．现象和本质是有区别的，认识了现象不等于认识了本质

D．现象是可以认识的，本质是无法认识的

14．下列说法中错误的是（　　）。

A．认识现象只是认识的入门向导

B．要把握事物本质，就不能只进行听、看等浮于表面的观察

C．追求真理有利于提升人生境界

D．虽然世间万物复杂多变，但是本质总是显而易见的

15．“万变不离其宗”所蕴含的哲理不包括（　　）。

A．本质和现象是密切相关、不可分割的

B．现象可能有千万种表现形式，但都是对本质的体现

C．本质总要表现为现象，现象总是本质的表现

D．只要现象发生变化，本质也会发生变化

二、多项选择题

1．现象表现本质具有多样性和复杂性，这意味着（　　）。

A．不同的现象可能是同一本质的表现

B．本质是由现象决定的

C．现象有真象与假象之分

D．本质具有多样性

2．在甘肃省兰州市皋兰县有一棵400多岁的古梨树，这棵树曾因小孩玩火被烧得只剩下树皮。但神奇的是，古树不但没死，每年还能结出果子。植物学家通过解剖实验揭秘了这种现象：树木的中心主要由死细胞构成，树皮主要由活细胞构成，只要树皮没有彻底损坏，树木依然能够进行水分和养分的有序运输。上述材料表明（　　）。

A．本质深藏于事物的内部，只有通过理性思维才能把握

B．现象的存在和变化归根到底依赖于本质

C．存在着不表现为现象的本质

D．一切现象都是从正面直接地表现本质

3．2008年8月8日，第29届夏季奥林匹克运动会在国家体育场隆重开幕，绽放在夜空中的那29个巨大脚印给人留下了深刻印象。这些礼炮是由高级工艺美术师钟自奇参与制作的。他说，鸟巢的焰火燃放是不能掉下一颗火星的，有时为了攻克一个难关，他需要做上百次试验。观众们只看到了绚丽多姿的焰火直冲云霄，礼炮制作的艰辛过程是很多人都看不到的。上述材料表明（　　）。

A．人们能够感知现象，但未必认识其本质

B．本质总是隐藏在现象背后，要运用科学的思维方法来认识

C．本质是人脑对客观事物做出的如实反映

D．认识事物不仅要看现象，还要透过现象看本质

4．关于真理，下列说法正确的有（　　）。

A．真理正确地反映了客观事物的发展规律

B．真理可以促进个人的人生发展

C．真理是指导人类社会进步的明灯

D．在追求真理的过程中，需要不断地摈弃谬误

5.“如果事物的表现形式和事物的本质会直接合而为一，一切科学就都成为多余的了。”这个论断表明（　　）。

A．现象和本质是有区别的

B．现象和本质之间本没有联系，是科学研究使它们之间产生了关联

C．现象和本质没有统一性

D．科学研究的任务在于透过现象发现事物的本质

三、判断题

1．现象是本质的表现，本质存在于现象之中。（　　）

2．在认识事物时，要学会识别假象，透过表面现象把握其本质。（　　）

3．本质是表面的、多变的，而现象是普遍的、相对稳定的。（　　）

4．现象有真象和假象，认识了现象不等于认识了事物的本质。（　　）

5．明辨是非，就是要辨别事理的对错，分清真象和假象，把握本质。（　　）

6．面对问题，我们应学会理性分析，给自己多一点观察和思考的时间，尽量客观、全面地看事情。（　　）

7．本质是事物的内部联系，是很难直接认识到的。（　　）

8．真象和假象都可能以歪曲的形式表现本质。（　　）

9.“一叶知秋”说明把握事物的本质不需要事先掌握大量的现象。（　　）

10．真理来源于实践，谬误是主观自生的。（　　）

四、简答题

1．简要说明现象和本质的关系。

2．怎样透过现象认识本质？

3．如何明辨是非，正确地识别真象与假象？

五、材料分析题

1．阅读下列材料，按照要求作答。

公元前 206 年，刘邦入关攻下咸阳。秦亡后，项羽违背之前的约定，自立为西楚霸王，封刘邦为汉王，并将巴蜀、汉中划分给刘邦。刘邦去汉中的途中烧掉了一路走过的栈道，向项羽表示自己无意与之争天下。

数月后，刘邦出兵反击。他一方面派少量士兵去修复之前烧毁的栈道，装作准备通过栈道出兵的样子，以吸引项羽的注意力；另一方面率领部下绕道北上，趁项羽不备袭击了陈仓，占领了关中。

刘邦通过“明修栈道，暗度陈仓”的计谋顺利挺进关中，从此拉开了建立汉王朝的序幕。

运用现象与本质的相关知识，简要分析刘邦成功占领关中的原因。

答：____

____

____

____

____

2. 阅读下列材料，按照要求作答。

孔子及其弟子在陈国和蔡国交界之地受困，由于物资匮乏，经常忍饥挨饿。白天，颜回去讨米，讨回来后煮饭。饭快要熟时，孔子看见颜回用手从锅里抓饭吃。过了一会儿，颜回请孔子去吃饭，孔子假装没看见颜回抓饭吃的事情，说："刚刚梦见我的先人，我自己先把干净的饭吃了，然后才给他们吃。"

颜回答道："不是这样的，刚刚锅里的饭沾上了炭灰，直接丢掉不好，我就抓来吃了。"孔子叹息道："按说应该相信亲眼看见的，但是眼睛也不一定可信；应该相信自己的心，但是自己的心有时也不可信。你们记住，要了解一个人本来就不容易啊。"

从透过现象认识本质的角度，分析如何真正了解一个人。

答：

3. 阅读下列材料，按照要求作答。

信息技术的快速发展极大地丰富了人们的生活。然而有那么一些人，他们利用网络传播虚假信息和不良内容，污染了网络文化环境，严重影响了人们的身心健康、损害了人民的财产安全，如"网络算命"。

近年来，人工智能看面相、专业软件看掌纹、手机 APP 判断星座运势等"网络算命"流行于互联网。一些人宣称占卜就能知天命，花钱就可改运，借助网络平台贩卖焦虑，以诈骗话术和套路诱导消费者，使得不少人上当受骗。其实所谓网络算命，不过是披着科学外衣的迷信骗局。网络算命的主要目的是实现流量变现，直接骗取消费者的钱财，或者通过获取消费者的个人信息牟利。

从明辨是非的角度，阐述怎样才能不受虚假信息和不良内容的侵害。

答：____

____

____

____

____

____

____

____

4．阅读下列材料，按照要求作答。

布鲁诺是文艺复兴时期意大利哲学家。他因信奉哥白尼的“日心说”、反对教会的腐朽制度而流亡在外，后被捕入狱，最终被处以火刑，在罗马广场就义。他一生在追求真理的道路上前行，大力宣扬科学和唯物主义思想，继承并发展了哥白尼的“日心说”，使哥白尼的这一学说传遍整个欧洲，推动了欧洲科学研究和社会的发展。布鲁诺去世后，后人将他誉为“真理战士”。

结合上述案例，阐述如何在追求真理的过程中提升人生境界。

答：____

____

____

____

____

____

____

____

深思明哲理

九方皋相马

伯乐是善于相马的大师。一天，秦穆公对伯乐说：“您年纪大了，您的子孙中有没有能派去寻找好马的人？”

伯乐答道：“是不是好马，可以通过它的形体、外貌、筋骨来识别。然而天下无双的宝马却很难鉴别，这样的马一旦飞快奔驰，四蹄似乎离开地面不沾尘土，过处也不留痕迹。我的子孙都是下等人才，只能教他们识别良马，没法教他们识别天下无双的宝马。我有一位一同挑担劈柴的朋友，名叫九方皋（gāo），他相马的本领不在我之下。请让我为您引见。”

秦穆公召见了九方皋，派他去寻找天下无双的宝马。

三个月后，九方皋回来报告，说：“马已经找到了，就在沙丘那个地方。”

秦穆公问：“是一匹什么样的马？”

九方皋回答说：“是一匹黄色的母马。”

秦穆公派人去牵回马，那人却发现该马是一匹黑色的公马。秦穆公得知后很不高兴，召见伯乐并对他说：“你推荐的找马的人真糟糕啊！他连马的颜色、雌雄都分不清楚，又怎么能鉴别马的优劣呢？”

伯乐感叹道：“九方皋相马竟达到了这种境界！这正是他比我高明的原因。九方皋观察的是马的禀赋而忽略了它的表象，注重马的内在品质而忽视了它的外在特征，只观察他需要观察的而忽视了他不需要观察的。像他这样相出的马，才是比一般的好马更珍贵的马。”

经过检验，秦穆公发现那匹马果然是天下无双的宝马。

请你结合现象与本质的相关知识，阐述自己在学习该案例后的心得体会。

心得体会：

海市蜃楼

平静无风时在大海之滨远望，可能会看到海面上方突然映现出船只、岛屿、楼房等奇异景象，而大风一起，这些景象又会立刻消失。古人无法解释这种现象，便将它视为蜃吐出的气。其实这是大气中的一种光学现象，在大气科学中被称为“蜃景”。这种现象不仅会发生在海面，还会发生在山区、极地、沙漠、洼地等处。

海市蜃楼是蜃景的通称，指光线穿过密度梯度足够大的近地气层而发生显著折射时，在空中或地平线下出现的奇异幻景。例如，在沙漠里，沙石白天受太阳炙烤，沙层表面气温迅速升高，由于空气传热性能差，导致无风时沙漠上空的垂直气温差异显著。此时，沙漠上方的空气下热上冷，下层空气密度小，上层空气密度大。太阳光从密度大的空气层进入密度小的空气层时，会有显著的折射，从而使远处的绿洲景象呈现在人们眼前，形成沙漠里的海市蜃楼。沙漠里的行人很可能被这种景象迷惑，误以为前方有水源，于是奋力前行，最后却发现自己所看见的水源是可望而不可即的。

请你结合真象与假象的相关知识，阐述自己在学习该案例后的心得体会。

心得体会：

鉴读促发展

生活中的“先入为主”假象

首因效应

首因效应是指在社会交往中，先获得的信息比后获得的信息对整体的印象和态度产生较大影响的现象。例如，在面试过程中，应试者的外表、穿着等会极大地影响面试官的评价。

幸存者偏差

幸存者偏差是指人们只看到经过筛选而产生的结果，而没有意识到筛选的过程，忽略了被筛除的关键信息的现象。幸存者偏差出现的主要原因在于人们未获取全面的信息，在看到一些特殊情况后就得出了结论。例如，经常看到媒体报道一些彩票中奖事件，于是有人就会产生彩票中奖是一件比较容易实现的事情的错觉。然而现实情况是彩票中奖率非常低，只是未中奖的事件一般不会被报道出来。

基本归因偏差和自我服务归因偏差

基本归因偏差是指人们在对他人行为归因时，无意地倾向于高估其内在因素（如能力、努力程度、智力等）的影响，而低估外界因素的影响的现象。自我服务归因偏差是指对自己行为的原因或结果进行有利于自身的解释的现象。例如，当同学考试成绩不理想时，认为这是他平时没有认真学习的结果；当自己考试成绩不理想时，却认为是试题太难导致的。

“人工天河”红旗渠

红旗渠被誉为“人工天河”，它的成功修建是中国共产党领导中国人民深入开展调查研究，不断提出问题、解决问题、发现难题、解决难题，坚持和发展真理的生动实践。

在红旗渠建设之前，为了摸清山区生产规律，林县县委总结了 4 种方法：① 从《林县志》等历史记载中找寻规律；② 向群众问情况、学办法；③ 从流传下来的农谚中找经验、找教训；④ 通过试验找到可行办法并推广。林县县委深入开展调查研究，做到了全面了解群众诉求、全面掌握当地情况，保证了决策的正确性。

红旗渠的修建不是一帆风顺的，不仅没有可供借鉴的经验，还会遭到质疑和反对。例如，修建初期，有人举报林县“不顾群众死活，大搞工程建设”；因为动用县里退赔款修建红旗渠，上级派来了调查组。面对这些矛盾和困难，林县县委一班人没有退缩回避，始终保持坚定的信念和坚持真理、实事求是的党性，最终完成了这项伟大工程。

红旗渠的修建并非仅凭一腔热血苦干、硬干，而是在科学理论的支持下完成的建设。在修建过程中，林县县委一班人不断提出问题、解决问题，发现难题、解决难题。修建红旗渠的初期构想是从河南省境内寻水，但在深入调研和科学论证后，县委一班人打破该构想，确定了把山西省境内的漳河水经渠截留、劈山凿洞引入林县境内的方案。在施工初期，人们对修建红旗渠做出了较为乐观的设想：组织 7 万群众，每人修建长 1 米、宽 8 米、高 4.3 米的渠道，80 天便可完成 70 多千米的总干渠施工。可开工不久，面对战线长、技术力量不足、无法统一指挥等问题，杨贵书记带领县委一班人进行了 3 天实地调查研究，总结梳理出 5 个方面的问题，并做出了集中力量、分期推进的战略调整，最终有效解决了困难和问题。

“为有牺牲多壮志，敢教日月换新天。”10 年修渠期间，林县县委带领人民以百折不挠的决心和勇气，共削平 1 250 座山头，架设 151 座渡槽，开凿 211 个隧洞，最终修建完成全长 1 500 千米、总干渠长 70.6 千米的红旗渠。

第九节　创新增才干，实干谱新篇

识图知要点

01 创新是什么
- 创新是人类特有的认识能力和实践能力
- 创新是人类主观能动性的高级表现

02 创新的重要性
- 创新是驱动我国经济社会发展取得巨大成就的关键因素
- 创新是我国赢得未来发展的必然要求

03 树立创新意识
- 坚定创新自信
- 增强问题意识
- 敢于突破常规

04 培养创新能力
- 夯实知识基础
- 提高思维能力
- 投身创新实践

巧练打基础

一、单项选择题

1.（　　）体现了创新的思想观念。

A．苟日新，日日新，又日新　　B．不以规矩，不能成方圆

C．按部就班　　D．削足适履

2．近年来，随着无人驾驶、智能语音交互、人脸识别等技术的飞速发展，中国智能汽车崭露头角，智能制造推动了产业升级和经济发展。这说明（　　）。

① 中国智能技术在国际上遥遥领先

② 创新是引领发展的第一动力

③ 科技创新可以助力经济发展

④ 科技创新关键在于引进国外的先进技术

A．①③　　B．①④

C．②③　　D．②④

3．下列说法中错误的是（　　）。

A．人类的一切文明成果都是创新精神的果实

B．中华民族是一个富有创新精神的民族

C．人类的一切文明成果都是创新智慧的结晶

D．创新在一定程度上会阻碍社会文明的发展

4．“一万个后来者，不如一个开拓者。”从哲学上看，这句话的积极意义在于鼓励人们（　　）。

A．不去做重复性的工作　　B．要用联系的观点看问题

C．要有创新精神　　D．要敢于改变事物变化的规律

5．智能机器人、VR（虚拟现实）技术、AR 导航、“聪明厕所”、“无人超市”等时下流行的科技成果纷纷涌现，不断改变着人们的生产生活方式。这说明（　　）。

A．创断推动社会发展，影响人们的生产生活方式

B．智能生产可以完全代替人工生产

C．中国已建成社会主义现代化强国

D．中国各领域科技创新水平都领先世界

6．中国汽车工业历经几十年的风风雨雨，实现了从诞生、成长到成熟的螺旋式发展。中国汽车行业已经迎来了新时代，这在很大程度上得益于中国自主品牌技术的突破。在此背景下，汽车企业要想取得长足发展，关键要（　　）。

A．建立健全现代企业制度

B．坚持自主创新，提高企业创新能力

C．引进先进生产技术

D．大力提高企业管理技术，优化企业管理模式

7．某校计划开展以“创新”为主题的教育活动，需要在活动展板上贴一些标语。下列标语中，不符合本次活动主题的是（　　）。

A．穷则变，变则通，通则久

B．只有创新才能自强、才能争先

C．不日新者必日退，未有不进而不退者

D．敏而好学，不耻下问

8．第 34 届全国青少年科技创新大赛首次在“中国科协主席奖”增加一个获奖名额，颁发给最优秀的国际青少年创新项目。之所以有以上举措，是因为（　　）。

① 创新不唯年龄、不唯学历，人人都是创新者

② 创新不是科技工作者的专利，人人皆能创新

③ 只要青少年具备了创新精神，就能建成创新型国家

④ 每个人都可以立足专业和岗位实际开展创新活动

A．①②③　　B．①②④

C．①③④　　D．②③④

9．“我们不能人云亦云，这不是科学精神，科学精神最重要的就是创新。”这句话启示我们应（　　）。

① 坚决摈弃前人和别人的经验

② 树立创新意识，推崇创新，追求创新

③ 大胆抛弃一切，创造全新的未来

④ 勇于开拓新的方向，追求卓越

A．①③　　B．②④

C．①④　　D．②③

10．“学贵知疑，小疑则小进，大疑则大进。”这句话蕴含的哲理是（　　）。

A．否定可以解决一切问题

B．实事求是，做到按规律办事

C．要有问题意识和敢于质疑的精神

D．学习时要敢于质疑一切、否定一切，建立全新的学说

11．重彩油画是中国重彩画与西方油画融合后创造出来的一种具有中国特色的绘画，具有强烈的视觉冲击力与艺术感染力。重彩油画的创作体现了（　　）。

A．艺术创新推动艺术思维和绘画文化的发展

B．艺术创新源于画家的主观想象和创作灵感

C．艺术创新的主体只能是专业的画家

D．艺术的发展并不需要借助创新

12．很多家长常常教育小孩要“乖”，要遵从现有秩序，而创新要求培养小孩的多样化思维。由此看来，“乖小孩”极有可能缺乏（　　）。

A．对权威和书本知识的敬畏之心

B．问题意识和敢为人先的精神

C．吃苦耐劳、脚踏实地的精神

D．直面困难和挫折的勇气

13. 在司马光砸缸的故事中，司马光在看到小孩掉入水缸内时，没有按照常规做法尽快从水缸中捞起小孩，而是打破水缸。该故事主要说明（　　）。

A. 认识只有在实践中才能得到检验

B. 办事情要认识到矛盾的普遍性

C. 办事情要以尊重客观规律为前提

D. 要敢于打破常规，培养创新思维

14. 关于创新，下列说法错误的是（　　）。

A. 个人的创新实践应与国家的战略需求相结合

B. 进行知识创新时，需要先与旧知识彻底决裂

C. 创新离不开知识的积累

D. 保持对事物的好奇心有利于培养创新意识

15. 创新思维活动不包括（　　）。

A. 发明新技术　　B. 提出新观念

C. 构建新理论　　D. 发现新物种

二、多项选择题

1. 创新是（　　）。

A. 人类特有的认识能力和实践能力

B. 一切变化的物质活动

C. 人类主观能动性的高级表现形式

D. 一切精神活动

2. 关于创新的作用，下列说法正确的有（　　）。

A. 创新是推动人类社会向前发展的根本动力

B. 创新使中国经济社会发展取得巨大成就

C. 创新推动人类文明的发展

D. 创新可以推动中国未来的发展

3. 创新意识是（　　）。

A. 创新主体创造出新事物的全过程　　B. 创新主体提出新观念的动机或意愿

C. 人们进行创造活动的外在动力　　D. 人的主观能动性的表现

4. 习惯性思维会极大地制约人类的发明创造活动。有意识地破除思维定式，可以使人们产生很多新想法，进而研究出更多造福人类的新技术、新产品等。要想有所创新，就要（　　）。

A. 解放思想，突破传统观念

B．对权威保持尊重，但要避免盲从

C．警惕思维定式对创新的影响，大胆质疑，小心求证

D．打破思想禁锢

5．“邯郸学步，失其故行。”这句话告诉我们（　　）。

A．不能盲目追求创新，否则只是蛮干，得不偿失

B．要想创新，最好不要借鉴别人的经验

C．可以学习别人的长处，但不能生搬硬套

D．创新需要建立在扎实的知识基础之上

三、判断题

1．创新是民族进步的灵魂，是一个国家兴旺发达的不竭动力。（　　）

2．“治世不一道，便国不法古”，这句话说明治理国家要有创新精神，不能拘泥于古法旧制。（　　）

3．科技创新能力已经成为影响国家的国际地位的唯一因素。（　　）

4．创新一般只出现在科学技术领域。（　　）

5．“没有否定，人类历史就会变成停滞不动的臭水坑。”这句话主要强调了质疑的重要性。（　　）

6．只要敢于跳出条条框框的思想束缚，抛弃书本知识，锐意进取，就能做到有效创新。（　　）

7．创新能力不是与生俱来的，它可以从后天的学习和训练中获得。（　　）

8．学会综合运用多种思维方法，就可以形成创新思维。（　　）

9．善于创新和勇于创新的人将迎来更多机遇。（　　）

四、简答题

1．为什么说“创新是新时代的迫切要求”？

2．青年是社会上最富活力、最具创造性的群体，如何树立创新意识，走在创新创造前列？

3．如何提高创新能力？

五、材料分析题

1．阅读下列材料，按照要求作答。

自创新驱动发展战略提出以来，中国科技事业飞速发展，取得了卓越成就。例如，“奋斗者”号在马里亚纳海沟成功坐底，创造了10 909米的中国载人深潜新纪录；C919国产大飞机圆满完成全球首次商业载客飞行；北斗三号全球卫星导航系统正式开通并向全球提供服务；等等。在创新驱动下，中国成为具有全球影响力的科技大国之一。

请结合材料，分析中国实施创新驱动发展战略的意义。

答：

2．阅读下列材料，按照要求作答。

一般来说，实行垃圾分类，需要在城市内增设更多垃圾桶。但S市在反复论证和参考国内外先进经验的基础上，推行“撤桶并点”方案，基于大量走访调研的结果施行精准投放。例如，在垃圾产生量大的区域多设置垃圾桶，在垃圾产生量少的区域少放置甚至不放置垃圾桶；将小区内的垃圾桶放置在进出小区的必经之路上，大幅减少公共区域的垃圾桶。这一方案看似基于传统做法做了“减法”，实则做了更多“加法”。经过几年的实践，“撤桶并点”方案取得了显著成效。

结合上述材料，分析“撤桶并点”方案所体现的创新思维。

答：

3．阅读下列材料，按照要求作答。

如今，国风音乐渐成引人注目的文艺潮流。如何将古风古韵与当代生活、当代人的审美旨趣结合起来彰显国风音乐的时代感，是当前国风音乐创作绕不过去的课题。

随着网络视听平台的勃兴，国风音乐的听众范围更加广泛，这就要求创作者不断创新，在拓展国风音乐的题材、内容和表现手法上下功夫，更好地反映当代人的精神面貌。国风音乐《芒种》在间奏部分将古筝和小提琴旋律糅合，并且加入了深受青年人喜爱的流行电音，多种音乐元素相融合，让人耳目一新。国风音乐《探窗》将流行音乐与传统戏曲唱腔结合，悦耳动听，古韵绵长，在网络上迅速走红，吸引了更多听众主动了解京剧艺术。

结合上述材料，分析个人如何提高创新能力，为文化创新发展贡献一份力量。

答：

深思明哲理

毕昇与活字印刷

毕昇（shēng）是北宋发明家，起初是印刷铺工人，专门从事手工印刷。在长期的印刷实践中，毕昇发现这种雕版印刷有一个很大的缺点，即每印一本书就要重新雕一次版，印刷耗时长且成本高。为了提高排版效率、降低生产成本，毕昇认真总结前人的经验，并在此基础上发明了活字印刷术。

据史料记载，庆历年间，毕昇在胶泥片上刻字，一字一印，用火烧硬后，便成了活字。排版前，先在置有铁框的铁板上敷一层掺和了纸灰的松脂蜡，活字依次排在上面，加热使蜡稍熔，以平板压平字面，泥字就固着在铁板上了，可以像雕版一样印刷。使用活字印刷术后，只需要雕制一副活字，就可以排印任何书籍，且活字可以反复使用，大大提高了排版印刷的效率。

请你围绕创新对国家、民族和个人的重要性，阐述自己在学习该案例后的心得体会。

心得体会：

VR 让建筑工地插上科技的翅膀

说到 VR，人们首先想到的可能是游戏娱乐。但是实际上，VR 技术的用途远不止此。建筑工地就是 VR 技术的一大应用场景。

一些建筑工地专门配备了 VR 安全体验馆，馆内有多项体验内容，涵盖了建筑施工方方面面的安全，包括基坑防护桩坍塌伤害、塔吊坍塌伤害、宿舍火灾伤害、脚手架坍塌伤害、挖掘机伤害等。建筑工人的安全培训工作通常都是在 VR 安全体验馆内进行的。

利用 VR 设备给建筑工人做安全培训

此外，利用 VR 技术还可以还原事故现场，让建筑工人真正认识到安全作业的重要性。小王是工地上的一名安全培训员，他说：“大部分建筑工人非常喜欢体验 VR。他们在‘玩游戏’的过程中学习了安全知识，了解了事故背后的原因，提高了安全意识。体验结束后，建筑工人通常都会有种茅塞顿开的感觉。”

谈到未来的发展方向，小王表示希望自己可以把所学知识与建筑工地更紧密地联系起来，为“智慧工地”做更多事情，让建筑工地也插上科技的翅膀。

请你围绕“新时代改革创新的重要性和必要性”，阐述自己在学习上述案例后的心得体会。

心得体会：

鉴读促发展

“东方艺术之花”都锦生

都锦生既是人名，也是一家中华老字号企业，更是一种工艺及其制品。都锦生织锦是浙江杭州传统的丝织工艺品，曾多次荣获国家金质奖、银质奖。

都锦生是都锦生织锦的发明者。1919 年，他毕业于浙江省甲种工业学校织机科，后留校工作。在教学实践中，都锦生经过反复研究和试验，织出了一幅丝织西湖名景《九溪十八涧》。清澈流水、青草绿树、片片白云等无不跃然于丝织的经纬之间，令人赞不绝口。

丝织西湖名景《九溪十八涧》

丝织风景画的试制成功使都锦生萌生了开办丝织厂的念头。1922 年，都锦生购进一台手拉织机，在杭州茅家埠的家中开工织造，其间织出的丝织风景画新颖别致，价格不高，风行全国各地。

之后，都锦生独辟蹊径，开创了艺术品产业化、日用品艺术化的创新之路，在传统文化与现代产业、高雅艺术与大众需求之间成功寻找到了最佳结合点。早在 20 世纪 20 年代，都锦生丝织厂声名鹊起之时，都锦生就察觉到厂里所生产的产品都属高档装饰品，不能满足普通百姓的生活需求，于是便开始织造内衣布、翻领衫、手袋、扇子等。这些产品既是实用的日常消费品，又是极具观赏价值的艺术品，深受国内外大众喜爱。此外，都锦生还研制出以突出油画质感为特色的产品，如《西湖风景》《北京北海白塔》等织锦产品。

《北京北海白塔》

如今，都锦生丝织厂改名为杭州都锦生实业有限公司，由最初的手工作坊发展成目前国内最大的丝织工艺品生产出口企业。都锦生的后继者继承了他的创新精神，将时代元素融于织锦中：在艺术表现手法上，将织锦、刺绣等多种技艺巧妙融合；在原料使用上，增加了合成纤维等新材料；在生产工艺上，与浙江大学等合作研发出黑白丝织像景纹制工艺自动化系统、都锦生织锦工艺的半点组织设计程序、商标像景分色系统软件、纹织 CAD 软件等；在产品类型上，开发出一系列具有杭州特色的年画、屏风等。这些创新实践使得时代气息浓郁的都锦生丝织品愈发受到人们青睐。

第四单元

坚持唯物史观，在奉献中实现人生价值

第十节　适应社会发展，掌握基本矛盾

识图知要点

01 物质生产活动
- 物质生产活动是人类社会赖以存在和发展的基础
- 物质生产活动推动人类社会发展

02 社会存在与社会意识的辩证关系
- 社会存在决定社会意识
- 社会意识具有相对独立性
- 社会意识对社会存在具有反作用

03 生产力与生产关系矛盾运动的规律
- 生产力决定生产关系
- 生产关系反作用于生产力

04 社会发展的实现
- 经济基础对上层建筑起决定作用
- 上层建筑对经济基础有巨大的反作用

05 正确对待顺境与逆境
- 社会基本矛盾是指生产力与生产关系、经济基础与上层建筑的矛盾
- 社会历史发展是在社会基本矛盾的产生、发展和解决中实现的

巧练打基础

一、单项选择题

1. 关于社会存在与社会意识，下列说法正确的是（　　）。

A. 社会意识总是领先于社会存在

B. 社会存在与社会意识同步发展

C．社会意识对社会存在的发展起积极的推动作用

D．社会存在决定社会意识，社会意识反作用于社会存在

2．社会意识有时会落后于或者先于社会存在而变化发展。这说明（　　）。

A．社会意识随社会存在的发展而发展

B．社会意识对社会存在具有反作用

C．社会意识具有相对独立性

D．社会存在决定社会意识

3．为适应日益激烈的求职竞争环境，深圳市每年有近百万成年人接受各种培训和继续教育。在深圳，竞争意识和终身学习意识深入人心。这说明（　　）。

A．社会意识具有相对独立性

B．社会意识对社会存在具有反作用

C．社会意识与社会存在是有区别的

D．社会存在决定社会意识

4．中国消费者普遍具有“量入为出”的消费观念。要扩大内需，必须先激起消费者的消费欲望。这说明（　　）。

A．社会存在决定社会意识

B．社会存在的性质决定社会意识的性质

C．社会存在的变化决定社会意识的变化

D．社会意识对社会存在具有反作用

5．“人们在自己生活的社会生产中会发生一定的、必然的、不以他们的意志为转移的关系，即同他们的物质生产力的一定发展阶段相适合的生产关系。”这句话说明（　　）。

A．生产力是由生产关系决定的

B．生产关系是由生产力决定的

C．生产力决定生产关系，生产关系也决定生产力

D．物质资料的生产方式是客观的

6．改革开放 40 多年来，中国经济高速发展的生动实践证明了一个哲学道理，那就是（　　）。

A．生产力决定生产关系，生产关系必须适应生产力的发展

B．生产关系决定生产力，生产力必须适应生产关系的发展

C．生产力决定生产关系，生产关系完全依赖于生产力的发展

D．生产力决定生产关系，生产关系有时也决定生产力

7．发展生产力需要改变生产关系中同生产力不相适应的方面，这是因为（　　）。

A．生产关系对生产力具有促进作用

B. 生产关系对生产力具有阻碍作用

C. 生产力是最革命、最活跃的因素

D. 生产关系不适应生产力发展的客观要求时，就会对生产力的发展起阻碍作用

8. “瘦肉精”“地沟油”“注水牛肉”等食品安全事件层出不穷。为了保障食品安全，必须建立和完善相关法律制度，加强对食品生产和销售环节的监管力度。以上观点所体现的哲理是（　　）。

A. 经济基础决定上层建筑，上层建筑反作用于经济基础

B. 生产力决定生产关系，生产关系反作用于生产力

C. 上层建筑一定要适应经济基础状况

D. 生产关系一定要适应生产力状况

9. 随着中国经济实力的增强，经济体制改革也进入了新的阶段，文化体制改革势在必行。这说明（　　）。

A. 经济基础决定上层建筑

B. 上层建筑对经济基础具有反作用

C. 社会意识具有相对独立性

D. 人民群众是文化体制改革的主体

10. 关于生产力与生产关系、经济基础与上层建筑之间的关系，下列说法错误的是（　　）。

A. 生产力决定生产关系，生产关系反作用于生产力

B. 生产力和生产关系是社会生产不可分割的两个方面

C. 经济基础决定上层建筑，上层建筑反作用于经济基础

D. 生产关系促进生产力的发展，上层建筑促进经济基础的巩固和完善

11. 经济基础是指（　　）。

A. 生产力和生产关系的有机统一

B. 由社会一定发展阶段的生产力所决定的生产关系的总和

C. 同生产力的一定发展阶段相适应的某种生产关系

D. 同生产力的一定发展阶段相适应的占统治地位的生产关系

12. 生产方式包括（　　）。

A. 劳动者和劳动工具　　B. 地理环境和人口因素

C. 生产力和生产关系　　D. 经济基础和上层建筑

13. 下列选项中，不属于上层建筑的是（　　）

A. 生产资料所有制形式　　B. 政治法律制度

C. 国家政权机构　　D. 社会意识形态

14. 关于经济基础和上层建筑，下列说法错误的是（　　）。

A. 经济基础决定上层建筑

B. 经济基础包括法庭、监狱等设施

C. 上层建筑对经济基础具有反作用

D. 有什么样的经济基础就有什么样的上层建筑

15. 关于社会矛盾，下列说法错误的是（　　）。

A. 社会发展是在社会基本矛盾的不断产生、发展和解决中实现的

B. 在阶级社会中，社会基本矛盾主要通过阶级斗争解决

C. 社会主义社会不存在阶级斗争

D. 改革是解决社会主义社会基本矛盾的重要形式

二、多项选择题

1. “煤油大王哪会知道北方捡煤渣老婆子身受的辛酸，灾区的饥民，大约总不会去种兰花，像阔老太爷一样。”这句话所体现的哲理有（　　）。

A. 社会意识反映社会物质生活条件

B. 社会意识对社会存在具有反作用

C. 每个人的意识都受到社会生活条件的制约

D. 实践是社会生活的主体

2. “从一定意义上讲，石器时代决定原始社会，青铜器时代决定奴隶社会形态，铁器时代决定封建社会形态，蒸汽机和电力时代决定工业资本主义社会形态。”这一观点的合理性在于其指出了（　　）。

A. 生产关系对生产力具有反作用

B. 生产力是社会发展的决定力量

C. 生产关系在人类社会发展进程中是最活跃、最革命的因素

D. 有什么样的生产力，就有什么样的生产关系

3. “当前，中国经济已经进入高质量发展阶段，发展的速度变化、结构优化、动力转换，必然引起发展方式的转变，改革势在必行。”这句话表明（　　）。

A. 社会意识反作用于社会存在

B. 生产关系要适应生产力发展的客观要求

C. 社会制度决定经济发展

D. 改革是中国基本矛盾运动的必然要求

4. 生产力的基本要素包括（　　）。

A. 劳动者　　　　B. 劳动资料

C．劳动关系　　D．劳动对象

5．“仓廪实则知礼节，衣食足则知荣辱。”意思是说百姓粮仓充实，就能顾及礼仪；百姓丰衣足食，就懂得荣辱。这表明（　　）。

A．经济基础决定上层建筑　　B．社会存在决定社会意识

C．物质决定意识　　D．物质文明决定精神文明

三、判断题

1．社会存在决定社会意识，社会意识推动社会存在发展。（　　）

2．社会意识的变化、发展决定社会存在的变化、发展。（　　）

3．社会意识的内容来源于社会存在。（　　）

4．生产关系是人类改造自然的物质力量。（　　）

5．生产力和生产关系都是客观的。（　　）

6．中国实施大规模减税降费政策，这是上层建筑适应经济基础的表现。（　　）

7．生产力和生产关系之间是相互决定的关系。（　　）

8．上层建筑是由经济基础决定的，而经济基础又是由生产力决定的。（　　）

四、简答题

1．什么是社会意识？

2．简述社会意识和社会存在的关系。

3．什么是生产关系？

4．简述生产力与生产关系矛盾运动的规律。

5．简述经济基础与上层建筑矛盾运动的规律。

五、材料分析题

1．阅读下列材料，按照要求作答。

高铁是中国装备制造的一张亮丽名片。中国的高铁技术起步于“引进”，发展于“消化、吸收、再创新”。中国自主研发了高铁网络控制等核心技术，建立了中国标准体系，缔造了科学求实、相容并蓄，自主创新、赶超一流，忠诚祖国、拼搏奉献的“高铁精神”。现如今，中国高铁已成为全球领跑者。

进入新时代，中国经济转向高质量发展，需要大力弘扬“高铁精神”，突出自主创新精神，为建设现代经济体系提供强大的动力。

“高铁精神”的孕育和弘扬是如何体现社会存在与社会意识的辩证关系的？

答：____

____

____

____

____

____

____

____

2. 阅读下列材料，按照要求作答。

针对群众反映的“办事慢、办事繁、办事难”问题，Z省政府坚持问题导向，实施“最多跑一次”改革。Z省政府通过全力打造“一窗受理、集成服务、一次办结”的服务模式，实现了企业和群众到政府办事“最多跑一次”的行政目标。经过多年的努力，“最多跑一次”已超越方便企业和群众办事的范畴，并且从服务理念上升为治理理念，成为一场对政府职能、服务方式、机关效能的整体性变革。根据第三方的评估数据，Z省“最多跑一次”改革的覆盖率达到了92.9%，人民群众满意率达到了97.1%。

“最多跑一次”改革体现了人类社会历史发展的哪些基本规律？

答：____

____

____

____

____

____

____

____

深思明哲理

全面实施新反垄断法

2022年6月24日，中华人民共和国全国人民代表大会常务委员会第三十五次会议决定对《中华人民共和国反垄断法》（以下简称《反垄断法》）做出修改。修改后的

《反垄断法》为新时代强化反垄断、推进全国统一大市场建设奠定了坚实的法治基础。

《反垄断法》第四条第二款规定明确提出“国家坚持市场化、法治化原则，强化竞争政策基础地位，制定和实施与社会主义市场经济相适应的竞争规则，完善宏观调控，健全统一、开放、竞争、有序的市场体系”。《反垄断法》对维护公平竞争的市场秩序、降低社会交易成本、释放市场活力和内生动力、促进国民经济发展有重要作用。

请你结合人类社会的存在与发展的相关知识，阐述自己在学习有关反垄断的知识后的心得体会。

心得体会：

物质文明和精神文明相协调的现代化

从《觉醒年代》《长津湖》中体悟历史、增强历史自信，从《山海情》《守岛人》中汲取前行的力量，从《我们走在大路上》《领航》中激扬奋进的豪情……第十六届精神文明建设“五个一工程”入选作品公示后，无数人从这些作品中感受到温暖、鼓舞，进而凝聚起奋进新征程、建功新时代的强大精神力量。

实现民族复兴，既需要强大的物质力量，也需要强大的精神力量。中国式现代化的一个重要方面就是“物质文明和精神文明相协调的现代化”。正如二十大报告所指出的，“物质富足、精神富有是社会主义现代化的根本要求。物质贫困不是社会主义，精神贫乏也不是社会主义。我们不断厚植现代化的物质基础，不断夯实人民幸福生活的物质条件，同时大力发展社会主义先进文化，加强理想信念教育，传承中华文明，促进物的全面丰富和人的全面发展”。只有物质文明建设和精神文明建设都搞好，国家物质力量和精神力量都增强，全国各族人民物质生活和精神生活都改善，中国式现代化才能顺利向前推进。

人无精神则不立，国无精神则不强。新时代这十多年来，从建立健全党和国家功勋荣誉表彰制度、设立烈士纪念日到开展中国共产党成立一百周年、中华人民共和国成立七十周年等庆祝活动，从推动中华优秀传统文化创造性转化、创新性发展到加快国际传播能力建设、促进人类文明交流互鉴……全国各族人民文化自信明显增强，全社会凝聚力和向心力极大提升，为新时代开创党和国家事业新局面提供了思想保证和精神力量。

“当高楼大厦在中国大地上遍地林立时，中华民族精神的大厦也应该巍然耸立。”当今中国正处于实现中华民族伟大复兴的关键时期，国家强盛、民族复兴既需要物质文明的积累，也需要精神文明的升华。

请你根据“经济基础与上层建筑矛盾运动的规律”，阐述自己在学习该案例后的心得体会。

心得体会：

鉴读促发展

中国电影新发展

电影从诞生之日起，就携带着技术与工业的基因。从默片（又称无声影片）到有声影片，从黑白影片到彩色影片，从宽银幕到巨幕，从以胶片为载体的传统电影到数字电影，每一轮科技变革都会促进电影视听表达乃至电影工业的革新。

如今，在5G、人工智能、大数据、云计算、虚拟现实等数字技术的加持下，中国电影工业迎来新的发展阶段。数字技术与电影制作的融合，改变了电影制片业传统的生产方式和管理流程，提高了电影制作各个生产阶段的效率。例如，《金刚川》涉及多个虚拟角色以及众多复杂的历史场景，剧组借助虚拟现实技术极大地提高了拍摄和后期制作效率，降低了拍摄过程中的人员成本和时间成本。不仅如此，虚拟现实技术还被应用在《金刚川》《独行月球》《长空之王》等影片中。

又如，《流浪地球2》中体现人物从年轻到年老的画面，正是由人工智能迭代完成的。运用人工智能技术，可以使画面中的人物分分钟变年轻，变老也不在话下。这些应用填补了中国电影在人物面容增龄和减龄这一领域的技术空白。

当下，不少国产电影的制作水平已经达到了世界一流水准。《流浪地球2》的“硬核”视觉效果刷新了很多国外观众对中国电影的印象，该影片中的数千个视觉效果镜头，均由国内外几十个顶尖视觉效果团队共同参与完成。《封神三部曲》包含大量虚拟神话角色、宏大的场面等，为了达到最佳的制作效果，剧组专门成立了一家视觉效果公司。该公司包括了视觉效果概念设计、视觉效果研发、现场扫描、动作捕捉、道具创作等多个创作团队。道具组人员介绍：“为了让虚拟角色雷震子的表情尽量真实、动作尽量丰富，我们制作了雷震子的机械道具。该道具的嘴唇、脸颊、眉毛、眉骨是可以动的，甚至眼珠子在转动的时候，眼皮也可以相应动起来。”

此外，《长津湖》运用现代科技，大大增强了电影的真实感和现场感，带给观众逼真的视觉体验，激发爱国情感；《长安三万里》以李白和高适的情谊为脉络，凭借精良的动画工业技术，带领观众领略大唐气象和传统文化之美；《深海》融合了上百种色彩的水墨国画，把海做成“打翻的颜料缸”。技术与艺术的融合，拓展了电影的艺术空间，强化了情感的感染力和思想的穿透力。

中国电影不仅在技术上不断迭代升级，在题材上也不断拓展创新，充分体现了社会存在是社会意识内容的客观来源。在这些题材的电影中，有的赞扬人性之美，有的弘扬爱国主义精神，充分体现了先进的社会意识对社会发展具有积极的推动作用。

第十一节　树立群众史观，站稳人民立场

识图知要点

01 人民群众创造历史
- 人民群众是社会物质财富的创造者
- 人民群众是社会精神财富的创造者
- 人民群众是社会变革的决定力量

02 杰出人物推动历史发展
- 杰出人物在历史发展中具有发起、探索、组织、领导、表率和示范作用
- 杰出人物的作用受到历史条件的制约

03 坚持人民至上
- 中国共产党始终代表最广大人民根本利益
- 群众路线是中国共产党的生命线和根本工作路线
- 为中国人民谋幸福、为中华民族谋复兴是中国共产党人的初心和使命

04 全心全意为人民服务
- 担当时代责任，投身于中华民族伟大复兴的事业之中，与人民共命运，树立为人民服务的崇高理想
- 投身于服务人民的伟大实践中，在实践中提升自己，

巧练打基础

一、单项选择题

1.《格萨尔王传》是一部藏族长篇英雄史诗，热情讴歌了主人公一生不畏强暴、不怕艰难险阻，以惊人的毅力降妖伏魔、除暴安良、造福百姓的英雄事迹。千百年来，中国藏族民众口耳相传。《格萨尔王传》的创作和流传说明（　　）。

A. 人民群众是精神财富的创造者

B．人民群众是物质财富的创造者

C．人民群众是社会变革的决定力量

D．社会历史首先是精神活动发展的历史

2．“政府的一切工作都是为了人民，要践行以人民为中心的发展思想，把握好中国社会主义初级阶段的基本国情。对群众反映强烈、期待迫切的问题，有条件的要抓紧解决，把好事办好；一时难以解决的，要努力创造条件逐步加以解决。”这说明（　　）。

① 中国共产党人始终坚持党的群众路线

② 解决群众问题已成为中国一切工作的中心

③ 中国共产党人始终坚持人民至上的信念

④ 中国共产党坚持全心全意为人民服务的根本宗旨

A．①②③　　B．②③④

C．①③④　　D．①②④

3．时代是出卷人，政府是答卷人，人民是阅卷人。“人民是阅卷人”的哲学依据是（　　）。

① 人民群众是历史的创造者，原因在于人民群众占人口大多数

② 人民群众是历史的创造者，是社会历史的主体

③ 群众观点和群众路线是马克思主义哲学首要的基本观点

④ 群众路线是中国共产党的生命线和根本工作路线

A．①②　　B．①③

C．③④　　D．②④

4．关于杰出人物，下列说法正确的是（　　）。

A．杰出人物专指无产阶级的领袖人物

B．杰出人物是对推动历史发展起到了重要作用的人

C．杰出人物不是人民群众

D．杰出人物专指杰出的科学家、教育家、艺术家

5．下列说法符合唯物史观的是（　　）。

A．历史活动是群众的事业

B．历史者英雄之舞台也，舍英雄几无历史

C．假如没有热情，世界上一切伟大的事业都不会成功

D．大人物心理之动稍易其轨，而全部历史可以改观

6．“人民既是历史的创造者，也是历史的见证者，人既是历史的‘剧中人’，也是历史的‘剧作者’。”这句话说明（　　）。

① 人民群众是社会历史的主体，社会历史由人民群众的实践活动构成

② 人的意识活动引领社会历史发展

③ 人与社会的矛盾决定并改变社会的性质和面貌

④ 人创造历史的活动受客观社会条件的制约

A. ①②　　B. ②③

C. ③④　　D. ①④

7.“下基层、访群众”反映了领导干部（　　）。

A. 尊重人民群众的首创精神

B. 坚持群众观点和群众路线

C. 注重对具体问题具体分析

D. 坚持解放思想，实事求是

8. 人民群众是社会物质财富的创造者，主要是说（　　）。

A. 人民群众创造了人类社会

B. 人民群众创造物质资料的生产实践，为人类从事精神生产提供了物质前提

C. 离开了物质生活资料，人类就不能生存，社会就不能发展

D. 人民群众作为物质生产的承担者，创造了人类必需的生活资料

9.“人民是土壤，它含有一切事物发展所必需的生命汁液，而个人则是土壤上的花朵和果实。”这句话说明（　　）。

A. 人民群众是社会变革的决定力量

B. 任何个人的成果都包含着人民群众的创造性劳动

C. 人民群众是社会实践的主体

D. 实践是个人与社会统一的基础

10. 新时代中国青年要担起时代责任，努力成为德智体美劳全面发展的社会主义建设者和接班人。这是基于（　　）。

① 青年领导中国特色社会主义建设，决定国家的未来

② 青年一代有本领、有担当，国家就有前途，民族就有希望

③ 青年兴则国家兴，青年强则国家强

④ 青年是国家的未来和希望，青年素质的提高是国家办学的方向

A. ①③　　B. ①②

C. ②③　　D. ②④

11.“履不必同，期于适足；治不必同，期于利民。”这句话蕴含的哲理是（　　）。

A. 要满足人民群众的一切需求

B. 坚持群众观点和群众路线

C．社会意识具有相对独立性

D．人民群众是社会进步的源泉和动力

12.“艺术可以放飞想象的翅膀，但一定要脚踩坚实的大地。文艺创作方法有一百条、一千条，但最根本、最关键、最牢靠的办法是扎根人民、扎根生活。”从唯物史观看，这是因为（　　）。

① 文艺的源泉是人民群众的生产生活

② 文艺的发展取决于文艺创作方法的创新

③ 文艺反映社会生产生活的形式与风格是统一的

④ 文艺是反映并服务于人民群众生产生活的一种社会意识形态

A．①②　　B．①④

C．②③　　D．③④

13．中国政府建立了覆盖城乡居民的社会保障体系，如城乡居民最低生活保障制度，养老、医疗、失业、工伤、生育保险制度等。这体现了中国政府（　　）。

A．相信人民群众自己解放自己

B．从群众中来

C．依靠群众

D．坚持一切对人民负责的原则

14．中国共产党的群众路线的内容不包括（　　）。

A．一切为了群众　　B．一切依靠群众

C．从群众中来，到群众中去　　D．一切相信群众

15．营商环境的改变，正是政府工作态度和思路的转变：从“政府端菜”转变为“百姓点菜”，从“我要怎么办”转变为“企业和群众要我怎么办”。这说明（　　）。

A．人民群众是人类社会存在和发展的基础

B．坚持群众观点和群众路线是政府施政的法宝

C．在价值选择的基础上做出符合人民利益的价值判断

D．要把群众观点和群众路线作为政府工作的目标

二、多项选择题

1．关于人民群众，下列说法正确的有（　　）。

A．人民群众就是劳动群众

B．人民群众是指一切对社会历史起推动作用的人

C．在不同的国家，人民群众的范围不同

D．在同一国家不同的历史时期，人民群众的范围不同

2. 有人能在牛皮纸一样薄的钢板上焊接而不出现一丝漏点，有人能把密封精度控制到头发丝的五十分之一……中央电视台推出特别节目《大国工匠》，讲述实现中国梦征程中劳动者的故事，讴歌中国工人的精湛技艺和一丝不苟、精益求精、追求完美和极致的“工匠精神”。这说明（　　）。

A. 人民群众是物质生产的承担者

B. 脑力劳动与体力劳动在劳动创造中的作用日益融合

C. 人民群众是社会变革的决定力量

D. 人民群众在生产实践中不断改进生产技术

3. 杰出人物在历史上的作用是（　　）。

A. 他们是历史事件的直接参与者策划者指挥者

B. 他们是历史任务的发起者和完成历史任务的组织者

C. 他们是历史进程的重大影响者

D. 他们能改变历史发展的趋势

4. 中国政府顺应企业和群众呼声，深化“放管服”改革，简化各类办事流程，减少企业和群众的办事烦恼，受到了广大人民的好评。这说明（　　）。

A. 符合社会发展规律的实践，才能够得到人民群众的支持

B. 实践只要符合广大人民群众的愿望，就能够获得成功

C. 与时俱进地贯彻群众路线，才能更好地维护群众利益

D. 要按群众的意愿进行社会变革

5. 做有理想、有本领、有担当的时代青年，应（　　）。

A. 立大志，树立崇高的理想信念，牢记使命，自信自强

B. 明大德，锤炼高尚的品格

C. 成大才，勤奋学习，增长才干

D. 担大任，善谋，实干，锐意进取

三、判断题

1. 人民群众的构成是一成不变的。（　　）

2. 人民群众的生产生活实践是精神财富的源泉。（　　）

3. 人民群众是物质财富的创造者，知识分子是精神财富的创造者。（　　）

4. 群众路线是中国共产党的生命线和根本工作路线，是其永葆青春活力和战斗力的传家宝。（　　）

5. 在任何时期，人民群众都是社会变革的主力军。（　　）

6. 只有杰出人物才是伟大的人物。（　　）

7．杰出人物在历史发展中的作用巨大，因此历史是由杰出人物创造的，与人民群众无关。（　　）

8．中国共产党始终代表最广大人民的根本利益。（　　）

四、简答题

1．为什么说人民群众是历史的创造者？

2．如何看待杰出人物在历史中的作用？

3．新时代青年如何服务人民，奉献祖国？

五、材料分析题

1. 阅读下列材料，按照要求作答。

乌镇戏剧节的演出节目涵盖了各类中外戏剧，包括话剧、音乐剧、舞剧、儿童剧等。自举办以来，乌镇戏剧节一直保持多元并蓄的态度，始终以发展中国戏剧为己任。大剧院、古戏台、石桥、街巷、乌篷船……处处是舞台，处处皆有戏。来自十几个国家和地区的艺术工作者们上百场的舞台演出和上千场的街头演出，给观众带来了全新的观演体验。

结合上述材料，从人民群众是历史的创造者的角度，阐述人民群众是如何创造社会精神财富的。

答：

2. 阅读下列材料，按照要求作答。

全面推进乡村振兴是实现中华民族伟大复兴的一项重大任务，乡村振兴没有现成可照抄照搬的经验，政府工作人员要扑下身子，放下架子，深入到群众中去调查研究，听取民意，拜群众为师，甘当“小学生”；要深入到田间地头，了解民生，团结群众，凝心聚力；要用带有“泥土情”的态度交朋友，用带有“泥土香”的语言写报告，实现群众利益最大化。

结合上述材料，从站稳人民立场的角度，阐述在乡村振兴推进过程中，政府工作人员应如何践行责任。

答：

深思明哲理

数万民众扑救重庆山火

2022年8月，重庆市多个区县最高气温突破40℃，在烈日的灼烤下，多个林区发生森林火灾。虽然消防官兵们扑灭了一处又一处明火，但随着气温持续升高，被扑灭的火场出现不同程度的复燃。当“山火救援需要人手”的消息在网络上传开后，当地群众自发组织志愿者小队参与救火。当得知前线需要越野摩托车运送物资时，许多人骑着摩托车前来帮忙，他们顶着高温逆行而上，把物资一趟一趟送到前线。在消防官兵和志愿者的共同努力下，持续多日、覆盖面积甚广的山火被彻底扑灭。在扑灭山火的过程中，数万名普通民众挺身而出，与消防官兵携手并肩，圆满地完成了保卫自己家园的光荣任务。

请你结合“人民群众是历史的创造者”的相关内容，阐述自己在学习该案例后的心得体会。

心得体会：

国家表彰改革开放杰出贡献者

为弘扬“敢闯敢试、敢为人先”的改革精神，党中央、国务院表彰了100名改革开放杰出贡献者，并授予改革先锋奖章，充分肯定了他们在改革开放过程中所做出的社会贡献。

小岗村村民达成“大包干”协议，步鑫生推行企业承包制，倪润峰等优秀企业家将股份制和国企改革大胆结合，为改革探索出了成功经验；随着互联网经济的兴起，各领域创业者建立了不同于传统工商业模式的新业态、新模式；经济学家纷纷为经济体制改革建言献策，为中国改革开放提供理论支撑……这些改革开放杰出贡献者来自农业、工商业、经济、科技、文化、体育等不同行业，他们亲历了波澜壮阔的改革历程。在改革开放的过程中，这些杰出贡献者起到了先锋模范作用，他们把握历史发展趋势，主动探索改革路径，推动社会向前发展。他们为整个社会树立了榜样，激励着国人投身于改革开放的伟大实践中。

请你结合杰出人物在社会历史发展中的作用，阐述自己在学习该案例后的心得体会。

心得体会：

鉴读促发展

借助网络走好群众路线

在新的时代条件下，做好群众工作的环境、形势、要求都在发生变化，党的工作方法也在不断优化，但是群众路线这个看家本领永远不能丢。随着信息技术的发展，互联网已经成为联系群众、服务群众的重要载体。

互联网是坚持人民主体地位的新渠道。中国共产党始终把“党的一切运动都必须深入到广大群众里面去”作为工作原则，不做调查没有发言权，不做正确的调查同样没有发言权。当前，承载着网民利益诉求和情感需求的网络舆情已经成为新时代社情民意的“晴雨表”。运用网络了解民意、开展工作，是新形势下领导干部做好工作的基本功。借助网络走好群众路线，就是要充分发挥互联网的优势，运用互联网大力发展电子政务，利用网络平台了解群众所思、所愿，搜集好想法、好建议，积极回应网民关切。

互联网是国家治理的重要技术支撑。要把“用脚走基层，上网察民意”作为联系群众、治理社会的新路径，提高通过互联网组织群众、引导群众、服务群众的本领；要强化互联网思维，利用好互联网的优势，用信息化手段更好地感知社会态势、畅通沟通渠道、辅助决策施政。利用互联网走好群众路线既可以促进治理体系和治理能力现代化，也可以将调查研究工作推向更广域的空间，从而精准识别广大人民群众的诉求，不断增强人民群众的获得感和幸福感。

互联网是同群众交流沟通的新平台和新途径。随着网络深入百姓生活的方方面面，互联网领导信箱、政务咨询平台、网络留言板等成为党和政府同群众交流沟通的新平台和了解群众、贴近群众、为群众排忧解难的新途径。从国务院开通“互联网+督查”平台征集问题线索到党的二十大相关工作在网络上征求意见，再到2023年全国两会“捎句话”活动，丰富多样的民主渠道把“人民群众盼望的”与“党和政府要干的”紧紧连在一起，使越来越多的基层声音直达各级决策层，人民群众的知情权、参与权、表达权和监督权得到了有力保障。

第十二节　投身社会实践，实现人生价值

识图知要点

01 价值观与人生观
- 价值观对人生起着重要的导向作用
- 人生观的核心问题是价值观问题
- 核心价值观承载着一个民族和国家的精神追求

02 社会主义核心价值观
- 社会主义核心价值观是当代中国精神的集中体现
- 社会主义核心价值观是价值判断和价值选择的根本标准
- 践行社会主义核心价值观并将其转化为人生的价值准则

03 认识人生价值
- 人生价值包括自我价值和社会价值
- 自我价值是个体生存和发展的必要条件，社会价值是自我价值实现的基础
- 当自我价值和社会价值发生矛盾时，自我价值应服从于社会价值

04 实现人生价值
- 在积极奉献中实现人生价值
- 在本职工作中实现人生价值
- 在诚实劳动中实现人生价值

巧练打基础

一、单项选择题

1．关于价值观，下列说法错误的是（　　）。

A．价值观是指一事物所具有的能够满足主体需要的属性和功能

B．价值观对人们的行为具有重要的驱动、制约作用

C．价值观对人们认识世界和改造世界的活动具有重要作用

D．人生观的核心问题是价值观问题

2．某省采用财政资助演出的方式，对濒危剧种实施抢救。对此，有人叫好，认为此举有利于传承中华传统文化；也有人反对，认为应遵循市场规律，濒危并最后消亡的剧种本就是没有生命力的。这说明（　　）。

① 不同的立场导致不同的价值判断

② 对事物的正确认识是进行价值判断的前提

③ 事物满足主体的需要是价值观形成的基础

④ 价值观能够影响人们对事物的认识和评价

A．①②　　　　B．②③

C．①④　　　　D．③④

3．每个人对幸福的看法不同。对于贪玩的儿童而言，兴趣由己就是幸福；对于沙漠中的跋涉者而言，一杯水就是幸福。这说明（　　）。

A．价值判断和价值选择具有社会历史性

B．价值观对人生道路的选择具有导向作用

C．价值判断和价值选择具有主体差异性

D．幸福感是社会价值与自我价值的统一

4．“人只有献身于社会，才能找出那实际上短暂而有风险的生命的意义。”这句话表明（　　）。

A．哲学意义上的价值是指一事物对主体的积极意义

B．社会对个人的承认是衡量人生价值大小的标准

C．人只是价值的创造者，不是价值的享用者

D．人的价值主要在于对社会的责任和贡献

5．学生时期是价值观形成的关键时期，在这一阶段形成的美与丑、是与非、荣与辱的观念，对人的一生至关重要。这是因为（　　）。

A．价值观对人们正确认识世界和改造世界有促进作用

B．价值观对人生道路的选择具有重要的导向作用

C．不同的价值观决定了事物发展的不同方向

D．价值观对人们的行为具有决定作用

6．当代中国精神的集中体现是（　　）。

A．社会主义核心价值观　　　　B．价值观

C．民族精神　　　　D．优秀传统文化

7. 关于人生价值，下列说法错误的是（　　）。

A. 个人对社会的贡献是自我价值实现的基础

B. 人生价值的实现离不开社会实践

C. 实现人生价值需要发挥主观能动性

D. 人生价值是物质享受和精神贡献的统一

8.“乞火不若取燧，寄汲不若凿井。”这句话表明（　　）。

A. 实现人生价值必须具备一定的客观条件

B. 实现人生价值需要充分发挥人的主观能动性

C. 人生价值只能在社会中实现

D. 实现人生价值需要有坚定的理想信念

9. 如果船长不知道自己要将船只驶向哪个码头，那么任何风都不会是顺风。从人生价值的角度看，该事例说明（　　）。

A. 实现人生价值必须坚定目标方向

B. 人生价值的实现离不开外在的客观条件

C. 主观能动性的发挥影响着人生价值的实现

D. 人生价值的实现是个体施展才能的过程

10.“你若喜爱你自己的价值，你就得给世界创造价值。”这句话说明（　　）。

A. 自我价值是社会价值的基础

B. 社会价值是实现自我价值的基础

C. 价值观决定人生价值的大小

D. 自我价值是人生价值的主要标志

11.“你要想有益于社会，最好的法子莫如把你自己这块材料铸造成器。”这句话说明（　　）。

A. 人生价值的实现必须有良好的社会环境

B. 人生价值的实现有赖于自身素质的提高

C. 要实现社会价值，最好先实现自我价值

D. 人的自我价值与社会价值是对立的

12.“你不奉献，我不奉献，谁来奉献？你也索取，我也索取，向谁索取？”这句话蕴含的哲理是（　　）。

A. 奉献和索取是对立的

B. 奉献和索取由个人主观动机决定

C. 奉献和索取是辩证统一的关系，人生的真正价值在于对社会的奉献

D. 索取是实现奉献的前提和基础

13．某报推出《校训的故事》专栏，挖掘和阐述大学校训的文化内涵、历史传承与当代价值，传播社会主义核心价值观，在社会上引起了强烈反响。《校训的故事》引起强烈反响的原因是（　　）。

A．校训的实质内涵与社会主义核心价值观相契合

B．校训对师生的行为具有规范和约束作用

C．校训全面反映了社会主义核心价值观的时代内涵

D．校训宣传是培育社会主义核心价值观的基本途径

14．关于社会主义核心价值观，下列说法正确的是（　　）。

A．是世界人民的价值共识，是当代中国精神的集中体现

B．是当代中国人评判是非曲直的价值标准

C．能促进人的全面发展，杜绝了社会不良风气

D．回答了建设什么样的党这一重大问题

15．“老是把自己当作珍珠，就时时有被埋没的痛苦，把自己当作泥土吧，让众人把你踏成一条路。”这首诗蕴含的哲理是（　　）。

A．实现人生价值需要自强不息的精神

B．人生价值是在个人与社会的统一中实现的

C．人生价值是在劳动中创造的

D．实现人生价值需要努力施展自己的才能

二、多项选择题

1．“人只有为同时代人的完美，为他们的幸福而工作，自己才能达到完美。”这句话说明（　　）。

A．必须在劳动和奉献中实现人生价值

B．实现人生价值要利用社会提供的客观条件

C．实现人生价值必须坚持正确的价值选择

D．要把他人的利益作为自己的价值追求

2．价值观人皆有之，但不同历史时期的人们有不同的价值观，同一时期的人们面对同一事物，往往也具有不同的价值观。出现这一现象的原因有（　　）。

A．文化水平不同　　　　B．认识事物的角度不同

C．社会地位不同　　　　D．立场不同

3．运动员在赛场上奋勇拼搏，为国争金夺银，彰显了在所热爱的事业上踔厉奋发、笃行不怠的追求。这启示我们（　　）。

A．要在不懈奋斗和奉献中创造精彩人生

B．站在不同的立场上会有不同的价值观

C．自我价值是实现社会价值的基础

D．要立足本职岗位实现人生价值

4．“人世间的美好梦想，只有通过诚实劳动才能实现；发展中的各种难题，只有通过诚实劳动才能破解；生命里的一切辉煌，只有通过诚实劳动才能铸就。”这说明（　　）。

A．劳动是推动人类社会进步的根本力量

B．劳动是评判人生价值的唯一标准

C．劳动是创造价值的源泉

D．劳动只是为了满足自我价值

5．每当谈起青蒿素的研究成果，屠呦呦总是会说自己只是把老祖宗的智慧发扬光大，青蒿素的研究成果离不开多位科研工作者的共同努力。在研究过程中，屠呦呦攻坚克难，面对失败不退缩；秉持奉献精神，以身试药。据世界卫生组织不完全统计，青蒿素已挽救数百万疟疾患者的生命。这说明（　　）。

A．人是价值的创造者，也是价值的享用者

B．人的价值是在个人与社会的统一中实现的

C．人要在实践中施展能力，创造价值

D．人的价值的实现取决于主观能动性

三、判断题

1．价值观对人生与社会具有指导和促进作用。（　　）

2．价值观对人的发展产生潜移默化的影响，一经形成，就不会再变化。（　　）

3．个人素质越高，人生价值越大。（　　）

4．社会提供的客观条件是人们实现人生价值的前提。（　　）

5．社会主义核心价值观是价值判断和价值选择的根本标准。（　　）

6．社会主义核心价值观是文化软实力的灵魂，也是经济发展的源动力。（　　）

7．人的价值是奉献与获取的统一。（　　）

四、简答题

1．什么是价值观？

2．简述社会主义核心价值观的基本内容。

3．简述自我价值与社会价值的关系。

4．如何实现人生价值？

五、材料分析题

1．阅读下列材料，按照要求作答。

某高分考生选择就读考古学专业，她的这个决定引起网友热议。有网友认为考古就是在田野里挖土，将来没“钱”途；也有网友认为考古是一项伟大的事业。

其实，考古学意义重大，它为人类了解历史和传承文化提供了重要的依据。中国的考古人员是中华遗产的保护者、中华文明的诠释者、中华文化的传播者。

运用人生价值的相关知识，分析上述材料中的观点。

答：________________

2．阅读下列材料，按照要求作答。

胡双钱是中国商飞上海飞机制造有限公司的高级技师，也是一位坚守航空事业几十年的普通钳工。他对质量的坚守已经成为一种习惯。他清楚地知道一次差错可能意味着无可估量的损失，甚至威胁到他人的生命安全。他用自己总结归纳的对比复查法和反向验证法，在飞机零件制造岗位上创造了几十年零差错的纪录。

胡双钱不仅在制造方面无差错，还特别能攻坚克难。ARJ21 新支线飞机项目和 C919 大型客机项目的研制和试飞阶段有许多特制零件需要生产，但无法大批量、规模化生产这些零件，只得进行手工加工。这时，胡双钱几十年的技术工作积累开始发挥重要作用，他攻坚克难，创新工作方法，圆满地完成了 ARJ21 新支线飞机首批交付飞机起落架钛合金作动筒接头特制件、C919 大型客机首架机壁板长桁对接接头特制件等加工任务。

结合上述材料，运用人生价值的相关知识，阐述我们应如何向大国工匠胡双钱学习。

答：________________

深思明哲理

少年强则国强

电视连续剧《恰同学少年》中有这样一个情节——毛泽东等人齐声诵读梁启超先生的《少年中国说》："故今日之责任，不在他人，而全在我少年。少年智则国智，少年富则国富，少年强则国强，少年独立则国独立，少年自由则国自由，少年进步则国进步，少年胜于欧洲则国胜于欧洲，少年雄于地球则国雄于地球。"梁启超先生之所以如此看重少年，是因为少年的价值取向决定了整个社会未来的价值取向。青年时代的毛泽东等人确立了为人民推翻"三座大山"的价值取向，建立了人民当家作主的中华人民共和国，成功实现了自己的人生价值。

一代人有一代人的使命，一代人有一代人的担当。实现中华民族伟大复兴是当代青年的时代使命，社会主义核心价值观是当代青年投身伟大实践的价值引领。广大青年要立志做有理想、敢担当、能吃苦、肯奋斗的新时代好青年，怀抱梦想又脚踏实地，敢想敢为又善作善成，以执着的信念和过硬的本领成就出彩人生。

请你结合时代背景，阐述自己在学习该案例后的心得体会。

心得体会：

学生志愿者在奉献中绽放青春风采

在成都大运会的赛场内外，到处都能看到志愿者们忙碌的身影。翻译员、礼仪接待员、演职人员、宣传员、成绩公告发布员……约2万名志愿者在各自的岗位上默默奉献、用心服务，展现着新时代志愿者的风采。

通过层层筛选，小彭成为一名光荣的大运会学生志愿者。“志愿精神能体现中华传统美德，我们作为志愿者不求回报，只为更好地服务大运会。”小彭表示，“只有树立正确的价值观和人生观，我们青年人才能够在生活、学习、工作中做得更好。”

小李是某校旅游管理专业的学生。大运会期间，她在东安湖体育公园游泳跳水馆担任宣传组志愿者组长，该宣传组负责为参加游泳项目报道的媒体记者提供赛事信息。游泳赛事进行七天，共产生42枚金牌，每日赛程都很紧张，赛事间隙也只有短短几分钟。为确保媒体记者能及时拿到赛事信息，小李所在的小组志愿者每场赛事后都要将关键信息打印出来，送到记者手中。“我每天跑几十趟，却一点也不觉得累。运动员们用耀眼的成绩为国争光，而我们志愿者恪尽职守，也做出了自己的贡献，我觉得很幸福。”小李说。

每一次盛大赛事的圆满举行，都离不开志愿者的辛勤付出。青年学生群体在志愿服务领域争当排头兵，展现出了青春的朝气和锐气。志愿者们用灿烂的笑容、友善的眼神、温暖的言谈、细致的服务，生动地诠释着志愿精神。

志愿者们用无私奉献实现了自己的人生价值，也推动了社会进步。请你结合社会实践的相关内容，阐述自己在学习该案例后的心得体会。

心得体会：

鉴读促发展

以守护他人健康为事业

国际护士会和南丁格尔基金会将2023年国际成就奖颁给了90多岁高龄的中国护士章金媛。这是继获得第39届南丁格尔奖后，章金媛再一次获得国际性荣誉。从一名普通护士到国际成就奖获得者，从医院护理工作者到走进千家万户的护理志愿者，从组建志愿团队到带领两万余名志愿者，这一路，章金媛不断奋斗，不断前进，坚守着自己的初心和使命。

章金媛早年曾跟随丈夫从江西迁居香港。中华人民共和国成立后，她毅然放弃在香港的富足生活，带着年仅6个月的儿子回到南昌，开始追求她一生的梦想。

在从业之初，章金媛就立志成为像南丁格尔（欧美近代护理学创始人）那样的护士，将最无私的爱奉献给处在痛苦中的患者。在护理过程中，章金媛坚持以仁爱之心服务患者，以科学的态度对待工作。她在工作之余仔细钻研，发明了“节力S型铺床法”“内折叠拆铺床”铺床法。这些方法不仅省时、省力，还能够减少因铺叠床铺扬起的灰尘，至今仍被应用在护理临床实践中。她还指导年轻护士成功设计出了“三位一体开瓶器”，这种开瓶器既能够节省时间，又便于操作。此外，章金媛还设计出一种“移动背负输液架”，以方便患者在输液过程中去卫生间。

退休后，章金媛仍在护理一线发光发热。2000年，71岁的章金媛带领16名退休护士成立了“江西红十字志愿护理服务中心”，无偿为社区居民提供护理服务。刚开始，这支团队遇到了种种意想不到的困难。章金媛说：“因为没有启动资金，起初我们是在露天环境下帮助群众做护理的。后来在相关医院的支持下，我们有了护理服务的场所，这一路走来要感谢很多人的帮助。”2003年，章金媛获得第39届南丁格尔奖，这份沉甸甸的荣誉让她更加坚定了志愿护理服务的信念。

2010年，章金媛成立了南昌南丁格尔志愿服务团，在上百个社区楼栋设置了楼栋志愿者，为重病老人们建立健康档案，向公众普及健康知识。2014年，章金媛创立了章金媛爱心奉献团，为社区居民免费提供健康体检、理疗保健、急救知识科普等服务。2017年，章金媛被聘请为中国南丁格尔志愿护理总队名誉理事长，同时获得志愿服务终身成就奖。

2023年，94岁高龄的章金媛老人依旧很忙，她的日程安排得满满的。在医院、在社区、在养老院……她的身影总是出现在医疗护理的最前线。对章金媛来说，在医护这个平凡的岗位上奉献，就已足够；而对于成千上万名得到章金媛照顾与关怀的病患和老年人而言，章金媛帮助他们减轻了身上的病痛，守护了他们的健康。

茅以升的“桥梁人生”

茅以升是中国著名桥梁专家，被誉为“中国现代桥梁之父”，为中国的桥梁建筑事业做出了卓越的贡献。

茅以升是一位忠诚的爱国主义者，早年留学美国，在美国获得学位后，他首先想到的是回到祖国，报效国家。尽管那时国内军阀混战、发展滞后，他也从未动摇回国的信念。1919 年 12 月，茅以升怀揣科学救国、工程救国的志向毅然回国。在当时，中国大川大河上新修的大桥都是外国人修建的，如济南黄河大桥是德国人修建的，蚌埠淮河大桥是英国人修建的，哈尔滨松花江大桥是俄国人修建的……放眼全中国，竟没有一座现代化的大桥是中国人自己修的。茅以升不服：外国人能干的，我们中国人也能干，我们不比外国人差！

20 世纪 30 年代，中国政府计划在钱塘江上修建一座大桥，茅以升受命主持大桥的修建工作。他创造性地使用射水法、沉箱法、浮运法等先进技术，解决了施工过程中的多个重大难题。1937 年，钱塘江大桥正式建成，打破了当时欧美国家垄断中国大型桥梁设计和建造的局面，是中国桥梁史上的一个里程碑。1955—1957 年，茅以升又主持修建了中国第一座跨越长江的大桥——武汉长江大桥。

此外，茅以升招募大批土木工程专业的学生参加工程实践，为国家培养了一批桥梁工程人才。他曾把钱塘江大桥工地当作一所桥梁工程技术学校，让有关大中专学校分批派学生来参加建桥工作，并结合实际给他们讲课。许多桥梁工程项目的总工程师和工程技术人员，都曾受到了钱塘江“桥梁学校”的熏陶。

茅以升还在中外报刊发表文章百余篇，编写了《钱塘江桥》《武汉长江大桥》《中国的古桥与新桥》等著作。茅以升一生学桥、造桥、写桥，致力于桥梁科学研究、教育和工程建设，在奉献中实现了人生价值。

斯人已逝，风范长存。茅以升胸怀祖国、服务人民的爱国精神，勇攀高峰、敢为人先的创新精神，追求真理、严谨治学的求实精神永远激励着我们。